U0666271

心理学与情绪控制

穆臣刚◎著

天地出版社 | TIANDI PRESS

图书在版编目（CIP）数据

心理学与情绪控制 / 穆臣刚著 . —成都：天地出版社，2018.10（2023 年 12 月重印）
ISBN 978-7-5455-4073-4

Ⅰ . ①心… Ⅱ . ①穆… Ⅲ . ①情绪—自我控制—通俗读物 Ⅳ . ① B842.6-49

中国版本图书馆 CIP 数据核字（2018）第 158089 号

XINLIXUE YU QINGXU KONGZHI

心理学与情绪控制

出 品 人	杨　政
著　　者	穆臣刚
责任编辑	袁静梅
封面设计	张合涛
内文排版	乐律文化
责任印制	王学锋

出版发行　天地出版社
（成都市锦江区三色路 238 号　邮政编码：610023）
（北京市方庄芳群园 3 区 3 号　邮政编码：100078）
网　　址　http://www.tiandiph.com
电子邮箱　tiandicbs@vip.163.com
经　　销　新华文轩出版传媒股份有限公司

印　　刷　三河市嘉科万达彩色印刷有限公司
版　　次　2018 年 10 月第 1 版
印　　次　2023 年 12 月第 3 次印刷
开　　本　925mm×660mm　1/16
印　　张　19.75
字　　数　220 千
定　　价　59.80 元
书　　号　ISBN 978-7-5455-4073-4

版权所有 ◆ 违者必究
咨询电话：（028）86361282（总编室）
购书热线：（010）67693207（营销中心）

如有印装错误，请与本社联系调换。

前　言

　　哈佛大学曾针对人类自我情绪控制能力做过一项调查，调查结果显示：在人生中，塑造成功、升迁与成就等积极结果的行为有80%以上是因为当事人拥有正确的情绪，而个人技能仅占到了成功因素的15%。这意味着自身情绪控制能力的高低不仅体现个人生活能力的高低，更是影响个人情感生活、身心健康与全面人际关系的重要因素。

　　另一项调查结果显示：90%的病来自人们的内在，源于人们的情绪。大部分癌症病人与父母关系不好，负面情绪过多，抱怨和悔恨占用了生命中的大多数时间。

　　情绪就是一种能量，如果我们长期处于负面情绪当中，它会形成一种物质留在我们的身体里，阻碍我们的身体正常吸收养分，造成身体器官功能失衡，从而破坏身体内部平衡系统，造成疾病。情绪总能够以很快的速度形成，快到我们甚至无法察觉，这种速度能够在危急时刻救我们一命，也能够在一瞬间破坏我们的生活。

　　控制不了自己情绪的人，往往都不会获得真正的快乐。加之很多疾病都是负面情绪惹的祸，所以只有那些可以真正掌握自己情绪的人，才能获得洒脱、幸福的人生。

　　有一次，著名专栏作家哈理斯和朋友去买报纸，交完钱，那位朋友礼貌地对卖报人说了声"谢谢"，但对方态度冷漠，没有一句客套话。

　　"这家伙态度很差，是不是？"在回家的路上，哈理斯问道。

"是啊，他每次都是这样。"朋友漫不经心地说，丝毫没有生气。

"那你为什么还对他这样客气？"哈理斯有点疑惑了。

朋友微笑一下，回答说："为什么我要让他决定我的行为？"

是的，一个成熟的人，会握住让自己快乐的钥匙。他不期待别人使他快乐，反而能将快乐与幸福带给别人。这样的人，是情绪的主人。

生活中，我们都有这样的体验：在情绪好、心情爽朗的时候，思路开阔、思维敏捷，工作和办事效率高；反之，在情绪低沉、心情抑郁的时候，思路阻塞、动作迟缓，工作和办事效率很低。其实，每人心中都有一把控制情绪的钥匙，但我们却常在不知不觉中把它交给别人掌管。

一位销售人员经常抱怨："我活得很不快乐，因为我经常碰到糟糕的客户。"

一位员工说："我的老板很苛刻，这让我很生气！"

一位女白领说："工作压力太大，我开始变老了！"

一位经理人说："我的竞争对手太强大了，我真命苦啊！"

这些人都做了相同的决定，那就是让别人来控制自己的情绪。结果，他们在工作和生活中不停地抱怨、随意发怒、情绪焦虑，有些人甚至患上了忧郁症，在悲伤、悔恨中一蹶不振。

安东尼·罗宾有句名言："你有什么样的感觉，你就有什么样的生活。"悲观的人，先被自己打败，然后才被生活打败；乐观的人，先战胜自己，然后才战胜生活。这就是情绪的威力。

你无法改变天气，却可以改变心情；你无法控制别人，但可以掌握自己。正确调节自己的情绪，并理解他人的情绪，可以让生活顺风顺水；错误表达自己的情绪，忽视甚至误解他人的情绪，则可能招致不可估量的损失。

　　因此，如果你想掌握自己的命运，请先控制自己的情绪吧！学会调节自己的情绪，管好自己的心情，把握好人生的节奏，你会发现成功其实并不难。一旦你学会了正确地表达、控制自己的情绪，就能自由地体验不同的感受，就能在职场、社交、家庭等各方面游刃有余，活出充满诗意的人生。

目　录

Part3 情绪表达：合理释放情绪，有益心理健康

Part4 情绪管理：提升情商，做情绪的主人

Part8 情绪选择：学会选择情绪就能改变心境

Part9 情绪与压力：舒缓压力，缓和紧张情绪

Part10 情绪应用：把握情绪，让它成为人生的助推器

情绪的秘密：
认识情绪，才能控制情绪

　　情绪产生于生命的一个古老机制，即：趋向快悦的情绪状态，逃避不快的（或痛的）情绪状态，并依此实现自体保护和生存。"趋利避害"是生物本能行为的外显表现，"趋悦避痛"是这一行为表现的内在本质和原因。其实，"趋悦避痛"是所有动物，包括从最简单的动物体到最高级的人类共有的最基本的本能和生命原则。情绪是一切生物体价值判断的依据，是生物一切行为的渊源。

心理学中的情绪认知理论

　　如果你足够细心，就会发现人们在生活中常常会有这样的心理状态：人们观看动物园里圈养在笼子里的动物时会兴奋地大叫、拍照，毫无恐惧之感，而在野外遇到动物时，就会心跳加速、额头冒汗、恐惧战栗；大多数人对老鼠的感受是厌恶害怕，唯恐避之不及，但迪士尼米老鼠的形象却几乎赢得全世界人的喜爱；在看到迎面走来的穿白大褂的医生时，大多数小孩子都会不由自主地躲到大人身后甚至立刻大哭起来，即使他明知道自己没有生病不会被打针；考场上，在和老师严厉的眼神对视后，有的学生心惊胆战连写字都打哆嗦，有的学生则会读出老师殷切的期盼而信心大增……

　　喜、怒、哀、乐、惧，情绪的变化往往让我们猝不及防。同一个人对于同一事物，在不同的环境下，会有着不同的情绪体验。同样是活生生的动物，在动物园看到和在野外看到，对人造成的情绪体验完全不同；对于同一事物，有着不同阅历的人体验到的通常是不同的情绪；同样是风中摇曳的花儿，在心情美丽的小朋友那里被解释为"笑着的花儿"，而在忧思国家的诗人那里却被看作"哭泣的花儿"。

　　每个人从呱呱坠地的那一刻起，便开始了情绪伴随的一生。健全的情绪是健全人格的必要条件，情绪大起大落不仅会对人的身体健康产生不良影响，还会给人的心理留下永远的伤疤，也会破坏人际关系，甚至影响一生的幸福。因此，我们每个人首先应该学习的就是如何正确认识情绪，了解情绪的产生过程和影响因素。这是勇敢面对自己的情绪进而管理好自己各种情绪的前提。

心理学上通常认为，情绪的产生受到三方面因素的影响——环境事件、生理状况和认知过程。其中，个体自身的认知对情绪的产生起着主导作用，也就是说认知评价决定了个体会体验到哪一种具体的情绪。认知，是个体认识客观世界时的一种信息加工活动，也是人的最基本的心理过程。心理学家认为，一个人的认知在很大程度上影响着他的情绪。这种主张情绪产生于对刺激情境或事物的评价的理论，在心理学上被称作"情绪认知理论"。

美国心理学家阿诺德是"情绪认知理论"研究的重要代表之一。他的研究结果表明：实际上，刺激情境是情绪产生的间接因素，因为刺激情境或事件出现后个体首先会对此做出评价，这种评价是具体情绪产生的直接因素。凡被认为是对自己有利的，就会做出肯定评价，从而产生积极、良好的情绪体验，比如动画片里米老鼠的可爱形象给我们留下了深刻的印象，我们就会表现出欣喜、兴奋等情绪；凡被认为对自身有害的，就会做出否定评价，伴随而来的是伤心、沮丧、恐惧的情绪，比如看到野外的老虎时联想到老虎会吃人，对自己的安全构成威胁；当刺激物的出现与自己无关时，个体不做评价，也不会有情绪上的波动。

欢欢原本是一个乐观开朗的女孩，时时刻刻感受着来自家人的宠爱。然而这一切在她8岁那年，随着妹妹的到来彻底发生了改变。在家人的欢声笑语里，她常常感到自己被遗弃了：大人们茶余饭后讨论的总是小妹妹如何如何，就连自己生病了不想吃药，妈妈都会责怪她说"你看妹妹吃药都不哭，你怎么没有个姐姐的样子啊"；自己拿着画好的画给妈妈看时，妈妈都没怎么看就说"宝贝真棒"；妈妈给妹妹买的洋娃娃有漂亮的金色头发，而给自己买的却是棕色头发……慢慢地，她变得越来越自卑、敏感、不爱说话了，她十分讨厌见到那个叫"妹妹"的小女孩，甚至都不曾主动抱过她。

小妹妹的到来使家里多了一个亲人、姐姐多了一个玩伴，原本是一件高兴的事，而在欢欢的心里却全然不是这样。她把妹妹的到来看作是对她的一个威胁，认为妹妹是爱的掠夺者，她从内心便产生了嫉妒和抵触情绪，以至于把妈妈鼓励她吃药的话看作是对自己的责怪，把妈妈送给自己和妹妹不一样的洋娃娃看作是对妹妹的偏爱。当然，小孩子之间有嫉妒情绪是很正常的事情，我们不能要求一个8岁的孩子去客观地分析自己的情绪，但倘若父母能早点懂得情绪的产生和影响因素方面的知识，提前做好大女儿的情绪疏导工作，防患于未然，或许欢欢的性格就不会出现这么大的反差。

情绪认知理论的主要特点是强调个体的认知评价作用，一件事情的发生并不会直接造成当事人情绪上的变化，个体对这件事的评价对于情绪的产生起着关键性的作用。试想，如果欢欢在父母的引导下能够把妹妹的到来看作是对自己有利的事情，那么结局就会截然不同了。那么，我们究竟应该如何对事件的发生做出合理的认知评价呢？首先，弄明白事件发生的前因后果，分析利弊长短，不钻牛角尖；其次，看问题要有长远的眼光，不要被一时的利益得失所迷惑。在正确地认识了情绪之后，我们接下来谈一谈如何恰当地管理好自己的情绪。

情绪产生于潜意识，是人就会有情绪

在多种感觉、思想和行为的综合作用下，人们每天都会产生两类情绪，一类叫正向情绪，一类是负面情绪。正向情绪包含了兴奋、快乐、想要做点什么事情的冲动。比如你偶遇一位多年未见的老朋友，兴奋得不得了，这就是正向的情绪。负面的情绪则有低落、焦虑、难过、失望等表现。比如跟恋人吵架了，两人肯定都会陷入负面情绪里面。

大部分人都不喜欢负面情绪，觉得它很讨厌，总是让人的心情高涨不起来。所以很多人想方设法逃避负面情绪，或者觉得自己能摆脱情绪的干扰。摆脱情绪，这可能吗？有可能！摆脱情绪，就是我们常说的"不以物喜，不以己悲"，换句话说就是什么都不求了。这是要死之前的人才会有的状态。真正活在这个世界上的人，尤其是年轻人，一定要激情燃烧，要燃烧充分，最后才会平静。

美国心理学家杰罗姆教授认为，情绪无论是正向的还是负面的，都是人类一种自我保护的工具。正向情绪很好理解——我们要让自己有激情。人的所有成功从某种意义上讲，都是激情的燃烧过程。正如最开始说的，情绪是一种能量，正向的情绪会让人保持兴奋状态，这种状态是大量能量储备和燃烧的过程，它带来的往往是兴奋、激情、忘我的工作、高强度的运动、专注的注意力……这些都是正向情绪产生的。

那么负面情绪呢？会让我们低落焦虑、伤心难过的情绪有什么用？

杰罗姆教授认为，负面情绪的存在，主要是为了阻抗外界的负面影响，同时把自己不想要的东西倒出去。比如你的工作出现了纰漏，被老板责骂，肯定会觉得不高兴、不服气，或者担心上司会因此觉得自己无能。于是接下来的事情就变得很简单——你会总想着这件事，后面的事情也无心去做了，就算去做，也总是会分神，注意力不集中，脑子不再灵活。这就是大脑在阻抗外界的影响，阻抗的方式就是降低自己的智商。

越想越伤心，越想越难过，越想越觉得自己什么事情都做不下去了，这实际上就是一种对抗的状态——大脑在激烈地进行自我对话，"自"和"我"吵得不可开交，于是什么事情都听不进去、看不进去了。负面情绪让人像刺猬一样，与这个世界暂时隔绝，这就是自我保护。

有一位廖女士，名校毕业后开始了自己的教师生涯。她在工作岗位上辛勤耕耘，得到了学校的重用。可是由于不愿意和男朋友两地分居，廖女士无奈放弃了游刃有余的工作，来到了男朋友所在的大都市。

她进入一家非常不错的公司就职，但一个月之后由于不能很好地适应，她辞职了，下一份工作同样如此。怎么办？自己的方向在哪里？自信的她在新岗位上仅仅工作了两个月，又被否定了，人生几十年建立起来的信心就这样被消磨了。

"在这个城市真的没有我的位置吗？"她反问自己。意气风发的大学生涯，激扬文字的教师旅途，都被沮丧、自卑、忐忑、紧张代替了。她不敢面对男朋友期待的目光，不敢接听父母问候的电话，不敢去招聘会面对那成百上千人的厮杀，不敢面对面试时考官的咄咄逼问和炯炯的眼神……她快走到崩溃的边缘了。

廖女士已深陷在负面情绪的漩涡里不能自拔，不仅察觉不出高低的情绪起伏，也分辨不了不同的情绪状态。人在无法对自己的情绪有所了解的情况下，较易产生负面的情绪，进而不能加以调适和管理，在工作和生活中，自然就处于劣势，既得不到自己的认可，也得不到他人的认可。

通常，情绪行为不是由显意识控制的，而是由潜意识控制的。所以，往往不是我们自己想要高兴就能高兴，说不生气就能不生气的，因为它受潜意识左右。因此，面对情绪问题，我们应该坦然面对，正视它的存在，然后，试着搞清楚它，把它从我们的话语禁忌和认知蒙蔽中解放出来，这才是一件有意义并充满挑战的事情。

我们可以观察自己的行为，如心跳、呼吸的生理状态，烦躁、不安的心理状态，脸红脖子粗、暴跳等肢体动作等；还可多寻找一些实例做分辨情绪的练习，如同事的一句话，是随风飘过呢，还是反复琢磨呢？一次求职或晋升的失败，是坦然接受呢，还是久久无法释怀？

有人觉得自己应该抛弃负面情绪。但这东西是你骨子里带的，抛弃不了。这时候你有两种处理方法：

第一种就是顺其自然，当有负面情绪的时候，不做决定，让自己的大脑休息一会儿，在冷静理性的状态下再做决定。

第二种就是转化负面情绪。人都需要情绪，大家都只想要好情绪，不想要坏情绪，以为有负面情绪就是不好的。其实有正负面情绪的人才是正常的人，能够化解负面情绪的人，就是智慧的人。学会运用负面情绪，让负面情绪的能量也像积极情绪一样得到运用，这就是情绪管理，也是我们这本书要告诉大家的主要内容。

情绪的几种形式和状态

自从升入初中以来，小明的学习成绩一直都不是很理想，每次考试都排在班级十名开外。他暗地里下了很多的功夫，请了家教来帮自己补习，每天都学到很晚。可是面对刚刚结束的期中考试，他的心里仍然七上八下，总是觉得有几道数学题涂错了答题卡，语文作文好像写跑题了。他不想辜负自己的努力，更不想辜负父母的期望。如果这次再考不好，他就要伤心死了。

公布成绩的时候，小明忐忑地坐在自己的位置上，听着同学们讨论刚刚发下的试卷分数。终于，他最担心的数学试卷发下来了，他猛地翻开试卷，看到一个"5"后，眉毛一颤，又把试卷合上，然后小心翼翼地一点一点地打开——115。这时候老师的声音在他的耳边响起："这次数学考试小明的进步最大，也是咱们班的第一名……"小明长舒了一口气，兴奋之情溢于言表。

就如同小明看到成绩前的焦虑和得知以后的惊喜一样，我们每天会处于某种或某几种情绪状态中。古人把情绪分为喜、怒、哀、乐、爱、恶、惧七种基本形式，现代心理学又把这些情绪归纳为快乐、愤怒、悲哀、恐惧四种基本形式，根据这些情绪发生的强弱程度和持续时间的长短，将人的情绪分为心境、激情、应激、表情等几种情绪状态。

情绪的反应也是多种多样的，下面我们就来了解一下几种最常见的情绪状态吧！

》心境

心境是一种在一段时间内具有持续性、扩散性，而又不易觉察的情绪状态。

心境对人的生活、工作、学习有着直接且明显的影响，会给人的精神状态带来很大的影响。当人们处在某种心境中，在几乎完全没有意识到的情况下，这种心境的影响就不自觉地扩散到人们的活动过程中，使其以同样的情绪状态看待一切事物，从而对人们的行为产生影响。

一个人稳定的心境是由其占主导地位的情感体验所决定的。例如，当愉快的心境占主导地位时，人们总是生气勃勃、笑口常开；当忧伤的心境占主导地位时，人们则会死气沉沉、愁容满面。

》激情

激情是指在较短时间内，以迅猛的速度，将身心置于强烈激动的情绪状态中。如狂喜、亢奋、盛怒、悲恸、恐惧、绝望等，都是人处于激情中的具体表现。由于人处于激情状态时，皮层下神经中枢失去了大脑皮层的调节作用，皮层下神经中枢的活动占了优势，因此在这种情况下，人的自我控制能力减弱，会产生"意识狭窄"现象，下意识地做出与平常行为很不相符的举动。

不同性质的激情会对人产生不同的影响。积极的激情，可以激发身心的巨大潜力，对工作和生活产生积极作用，许多创造性的艺术作品就是这样产生的。消极的激情如盛怒等则会使人冲动、失去理智。经常出现消极激情，人的身心会受到极大的损害，所以，人们应当竭力避免消极激情的出现。在很大程度上，激情是可以控制的。比如，在情绪还没有达到激情状态时，如及时加以调节，人们就能有效地避免激情的出现。

》应激

应激状态是一种典型的特殊情况下的心理状态。在遇到出乎意料的紧张情况时，人都会出现高度紧张的情绪状态。比如亲人的离世、诊断的噩耗、突发的事故等，都可能引起应激状态。

应激状态有利有弊。当人处于应激状态时，身体会发生急剧的变化。应激状态下，神经内分泌系统紧急调节并动员内脏器官、肌肉骨骼系统，加强生理、生化过程，促进有机能量的释放，提高机体的活动效率和适应能力。但是，在应激状态下，人们意识活动的某些方面会受到抑制，可能知觉、记忆等方面会出现问题，对出乎意料的刺激产生的强烈反应，会使人的注意和知觉范围缩小。过度或长期处于应激状态，则可能导致过多的能量消耗，引起某些疾病，甚至导致死亡。对此，人们可以通过有意识的训练、丰富的经验、强烈的责任感和高度的思想认知来降低应激状态对人的消极影响。

》表情

表情是内在情绪的一种外在流露，如面部表情、身体表情和言语表情等，它具体表现一个人的情绪状态。

　　脸部的表情动作就叫面部表情。眼睛和嘴巴的形态变化，最能表现一个人的情绪变化。眼睛被称为"心灵的窗口"，它的形态变化往往直接表现出情绪的变化。哭泣时眼部肌肉收缩，愤怒时横眉张目。嘴巴也直接表现情绪的变化，悲哀时嘴角下垂，高兴时嘴角上扬。

　　身体表情即人的动作表情，它是人的情绪状态在身体上伴随的动作。动作表情主要体现在手和脚的动作上，而两者之中又以手的动作最为重要。手舞足蹈、手忙脚乱、手足无措、捶胸顿足、拍案而起、拍手叫绝等，都是情绪特征的特定表现。

　　人在说话时声音的音调、节奏、速度、强度等都会表达出一定的情绪内容，这种情绪内容就是言语表情。语言不仅用于人们的沟通交流，它还是表达感情的重要手段。例如，悲哀时音调低，节奏缓慢，声音高低差别很小；喜悦时音调高，速度较快，声音高低差别较大；愤怒时声音则高而尖，并且伴有颤抖等。这些都是很好的说明。

　　在直接表达情绪、情感方面起主要作用的是面部表情和言语表情，面部表情直观，言语表情准确。动作只是表达情绪、情感的一种辅助手段。由于单独从动作本身出发，难以准确推断出具体的情绪内容，因此要准确认知一个人的情绪状态，需要从面部表情、身体表情、言语表情等多方面进行分析和判断。

　　通过对情绪状态的了解，我们可以更加深入地了解自己以及他人的情绪，然后更加准确地掌握情绪，这也是提高情商的必修课。

你所不知道的情绪力量

人生在世，总会遇到各种各样的事情，伴随这些事情所产生的情绪，或喜或怒或哀或惧，都拥有着巨大的力量，它可能让你沉溺在悲伤中无法自拔，也可能让你在绝望中峰回路转，因此，了解和掌控情绪的力量就显得尤为重要。

10年前的理查德只是一家汽车修理厂的普通修理工，却有着远大的理想。一天，他偶然发现，休斯敦一家大型公司正在面向全国进行人才招聘，便决定去试一试。面试前一天他思考自己的人生，感觉理想与现实就如同隔了一条鸿沟一般，相距如此之远。

与四个比自己境况要好的朋友相比，他自认为论聪明才智并不输任何人，但他却总是受制于情绪。想到这里，他第一次意识到了自己最大的缺点：遇事不够冷静，过于冲动，有时候甚至还会莫名地自卑。

一整晚，他都对自己进行检讨。他发现，一直以来，自己都是个得过且过的人。于是他下定决心：从此以后，再也不妄自菲薄，要努力管理好自己的情绪，塑造出一个全新的自我。

第二天，他以良好的心态和出色的表现顺利通过了公司的面试。十年过去了，理查德一直以管理好自己的情绪、塑造出一个全新的自我为目标。他在所属的组织与行业里声名远播，并且成了公司中举足轻重的人物。

理查德认识到了情绪的力量，他并没有沉溺在自怨自艾的负面情绪中，而是通过正视缺陷、控制情绪来不断完善自身，最终取得了成功。

当你被强烈的负面情绪占据时，你需要明确的是，你不可能完全掌控自己的情绪，但是你也不能任凭情绪摆布，更不能继续停留在糟糕的情境中，认为自己没有足够的热忱与勇气去改变命运。

哈佛大学教授、著名心理学家丹尼尔·戈尔曼是"情绪决定未来说"的提出者与倡导者，在他看来，成功＝20％的智商＋80％的情商。他的这一主张成了"情绪时代"的理论基础，在全球范围内掀起了锻炼情商、提高情绪控制能力的风潮。

丹尼尔教授认为，也许你正经历的各种感受并不会像你所期望的那样强烈，但是，一旦你进一步培养出了个人的情绪控制能力，意外的发生以及惊喜的降临都不会再让你不知所措，因为情绪的力量将会指引和改变你的思维和行动。

》情绪平衡的时候，你将会充满力量

若你处于情绪平衡期，不管身处于何种情境下，你都会充满能量，你不仅知足，更会以平常心去面对一切，整个人表现得积极而又热忱。这一时期的你坦然面对过去，乐观憧憬未来，因为你在平和的情绪中感受到了最宁静的人生，心中充盈着爱与平静。

这便是情绪的正面力量：让你感恩人生、相信自己、憧憬未来。同时，你会要求自己对这个世界有所贡献，你的心中将充满着各种正面而积极的想法。

» 情绪失衡时，你会否定一切

当你处于情绪失衡状态时，你会将个人全部的注意力都放在生活的消极面上。你会认为命运对待自己不公，人生也总是苦涩而艰辛，尽管事实并非如此。你的个人情绪变化，总是使你去留意生活中的负面信息，你甚至会为了一点小事而大发雷霆。

在这一时期中，你会感受到过大的压力、过度的恐惧，负面情绪、负面想法会源源不断地涌现出来，让你体会到生而为人的痛苦与悲哀。

» 情绪引导思维，思维决定行为

思维、感受与行为三者之间会呈现出相互影响的局面，其中力量最强的就是我们的情绪：当个人行动与思维方式被个人的强烈情绪所触动时，我们的思考方式和行为方式会完全按照此类情绪的引导而不断改变。若你处于快乐的情绪下，你会将一切事情向着好的一面思考，并采取积极的行动；若你处于悲伤的情绪下，你会对一切事情产生消极的看法，并屈服于命运的摆布。

» 不同的情境下，需要不同的情绪主宰

人生不同的境遇中，需要有不同的情绪来表达自我：当你处于激烈的竞争状态中，你需要拥有强烈的决心与信心来全身心地投入；当你处于私人空间时，你需要放松身心、完全摒弃利益争夺的欲望，让自己获得内心的宁静；当你与爱人、朋友相处时，你需要竭诚相

待，让对方感受到你的真诚与关爱。

当你认清了自己必须要根据环境的转换来进行情绪变化时，你便能够根据环境来调整自己的情绪，从而使你在特定环境下的行为表现得更加得体。

情绪的力量可以帮助你进行自我激励，帮助你克服最严重的创伤，但是，它也可以让你因为小小的挫折而一蹶不振。无论怎样，我们都可以对自己的情绪进行掌控，让它来引导我们塑造一种自己渴望的人生，从而使自己的命运得到改变。

认识情绪掩饰下的矛盾自我

　　人性的复杂与多变，是所有哲学家与道德家都无法描述的。孩童时期，我们处于人性最简单、最纯洁的阶段，随着社会阅历的不断增加，身体与心理不断得到发展，我们便很难再给自己的性格一个完整的界定了。

　　随着身体的发育，我们的大脑也在不断地迅速地发育着，从前那些偏激的想法开始变得全面起来，之前的形象思维开始向抽象思维转变——这些量变会不断地带领我们走向新的思维领域。

　　美国心理学家哈尔·道农曾在自己的办公室中接待了一位渴望得到帮助的流浪汉。当流浪汉对生活绝望正想自杀时，看到了哈尔所写的一本自我激励的书，这给了他继续活下去的力量。他认为，只要自己能够得到作者的帮助，就一定能够再度站起来。

　　在流浪汉诉说自己的不幸时，哈尔对他进行了从头到脚的打量：对方茫然的眼神、满脸的皱纹、多天未刮的胡须与紧张的神态，都在向哈尔证明，这是一个无药可救的人。但是，哈尔不忍心打击他。

　　将流浪汉的故事全部听完以后，哈尔没有说话，而是将他带到自己平日里进行心理试验的工作室，并让他看向屋子里一面高大的镜子。

哈尔指着镜子中的流浪汉说："只有他，在这个世界上，除了他，没有人能使你东山再起，在你没有真正认清他之前，不管是对你还是对这个世界，你都是一个无用的废物。"

流浪汉仔细地端详镜子里邋遢落魄的自己。几分钟后，他后退几步，低下头开始哭泣。当他离开时，哈尔发现，他的脚步已经变得轻松有力。

几天后，哈尔外出时在街头又遇到了他。流浪汉说，他已经找到了工作，并打算重新开始。

就像这个流浪汉一样，我们每个人都会遇到对自我进行评价、分析的时刻。但是，当我们准备为自己下一个具体的定义时，我们却多多少少有些迷惑：不错，你可能是一个勤劳的人，但是，难道你就从来没有过一丝想要偷懒的想法吗？也许大多数时候，你都表现得极具决断能力，可你也肯定曾经遇到过犹豫不决的时候。

事实上，人性本身就是由很多这种无法完全清晰界定的"两极"概念组成的。忽视了其中的任何一个方面，我们都会形成人际交往中的"非黑即白"。特别是当我们的身上拥有某些自己并不喜欢的特质时，我们便会对它进行刻意的压制，而这种压制最终会使我们的生活受到限制。

全面认识自我并不仅仅代表我们需要简单地将自己的优势与劣势摆出来，更为重要的是，我们需要让自己明确，到底如何正确处理那些自己并不乐于接受的个性特质。

》对自己厌恶的一面进行全面观察

当你想要真正地了解最真实的自己时，你需要明确，哪些是自己所厌恶的，其原因又是什么，是否是因为自己身上同样拥有这种自己极不喜欢的特质。这种方法操作起来非常简单，但是由于大多数人对此并不熟悉，于是便会使自我审视受到极大的阻碍。

当你将这些原本被自己忽视的特质重新纳入自我评价体系中时，你需要格外注意人性中的丑陋面，如贪婪、嫉妒等；但对于那些单纯处于被局限的情感部分，如敏感、善良等，你却可以充分地发挥，因为它们的存在能够让我们凸显出自身优势，从而让自己成为一个更加完整的个体。

》清楚地认识自己

1. 在对自己的阴暗面进行观察的同时，将那些阻碍认清自我的"反感面"找出来，并认真地思考造成自己对这些特质反感的原因。是因为发现在社会生存的过程中，这一特质无法得到公众认同，还是因为自己某次受挫后的感受，又或者只是单纯的脾性使然？

无论这个寻找的过程多么艰难，你都必须尽量去改变对某些方面的反感，这是对自我矛盾体进行整合与认识的前提，更是走向更好自我的开端。

2. 将投射于外界的情绪收回。在进行情绪投射的时候，这些情绪往往会被我们认定是他人的缺点，比如，当我们反感他人的懒惰时，其实也是在对自我潜意识中的懒惰进行质疑。意识到自己的问题，才能让这种情绪及时得到抑制。

3. 承认矛盾的自我。想要完成对矛盾自我的整合，我们便要首先承认自己的矛盾性，承认自己身上存在的优缺点以及有时候会将自己不肯接纳的情绪归罪于他人的情况。

» 进行恰当的心理调适

在进行自我心理调适的过程中，可以借助于外界的强力干预，也可以通过自我内心认识慢慢发生改变，而整合自我矛盾更倾向于后者。在这个整合过程中，认识到自己存在的矛盾，并承认它们的存在，是最有效、最积极的治疗。

无法对自我进行认知的人是病态的，而那些只愿意看到自己好的一面，却不愿意认识到自己丑陋一面的人更是偏激的。作为一个复杂的人类个体，若我们无法做到兼顾两面的话，便难免会使自己的生命有所欠缺，而那些隐藏于自我潜意识中的阴暗面则会对个人情绪的控制形成巨大的威胁。

了解个人情感晴雨表

在年少时，我们经常会产生这样的疑问：为什么有时候我们的心情会毫无由来地变差，做什么事情都提不起精神来？而且这种情绪往往会持续一段时间，并导致自己一直处于不良的境况中。其实，就如同一年分为春夏秋冬四季一样，人的情绪也会出现周期性的变化。

"情绪周期"是指个人的情绪高潮与低潮交替过程中所经历的时间长短，它反映出的是人体内部呈现出来的周期性张弛规律，这种规律也被称为"情绪生物节律"。

哈佛大学心理实验室的一项科学研究结果表明：人类的情绪周期平均为5个星期，即由兴奋降至沮丧，再回到高兴，往往需要5个星期的时间。每个人的情绪周期不同，有些人的周期较长，有些人的周期则较短。周期的前一半为情绪高潮期，后一半时间则为情绪低潮期。情绪由高潮向低潮过渡或者由低潮向高潮过渡的这一段时间，往往被称为"临界期"，一般为2～3天。在临界期到来时，情绪会变得格外不稳定，机体各个方面的协调能力变差，容易产生各类负面情绪。

一个人处于情绪周期中的高潮阶段，便会表现出强烈的生命活力，对人和蔼可亲，感情丰富，做事认真，容易听取他人的意见，接受他人的规劝。反之，则容易心情急躁，对他人的建议容易产生反抗情绪，总是喜怒无常，时常会有孤独寂寞之感。

美国哈佛大学校长的德鲁·吉尔平·福斯特到中国北京大学进行访问时，讲述了自己的一段亲身经历。

有一段时间，她对所有的事情都失去了兴趣，并厌倦了总是坐在办公桌前处理文件的生活。这一天，她终于下定决心，向学校请了三个月的假，并告诉家人：不要问我去了哪里，每个星期我都会给家里打个电话报平安。

处理好一切之后，她只身一人去了美国南部一个不知名的小村庄中，趁着假期，去尝试过起了另一种全新的生活。在那里，她做了各式各样的工作——去给饭店刷盘子，到农场给别人打零工。她会与工友们一起坐在田间地头偷懒聊天，也会背着老板躲在角落里面抽烟。这一切都让她获得了一种前所未有的愉悦。

某天，她在一家餐厅负责刷盘子，4个小时后，老板便将她叫了出来，给她结了账。饭店老板对她说："可怜的太太，你刷盘子的速度太慢了，我不得不解雇你。"于是，这个"可怜的太太"重新回到了哈佛校长室。

再次回到自己熟悉的工作环境以后，她感觉工作不再无聊，以往熟悉的一切都变得新鲜起来。过去3个月的时间如同孩子调皮的恶作剧，新鲜而刺激，在拥有了这样的经历以后，她的眼里，一切就如同孩童眼中的世界一样，充满了乐趣。

每一个人都会存在情绪周期，不管你是哈佛校长还是普通人。情绪周期所反映的正是个人情感变化的晴雨表，这种晴雨表不会发生变化，而且不受任何后天影响。但需要注意的是，工作、生活环境的变化，长时间处于紧张工作与不规律的生活中，会使情绪变得压抑，若无法进行及时宣泄的话，这种情绪在到达极限以后，便会不自觉地转化为烦闷与急躁。

除此之外，人们之所以会间歇性地出现不同程度的心理异常，还有以下几个原因：

1. 在与周围的世界进行交流的过程中，总是会不可避免地产生各种负面情绪，一旦这种"情绪"达到一定程度，就很容易出现身心失衡的情况；

2. 当工作与生活的压力超出了身心所能承受的范围，情绪也会发出反抗；

3. 天象也会影响情绪周期，最明显的是"潮汐"，月亮的盈亏也会令个人的情绪出现明显的起伏；

4. 特殊的性格、不同的环境、一些突发事件也往往会为心理异常埋下"伏笔"。

因此，当我们了解了心理异常情况产生的原因之后，我们应该进一步认识自己情绪的高潮期与低潮期，对此，可以按以下方法来进行：以一年中的 7 月为例，将纵坐标标为日期，从 1 日排至 30 日，将横坐标标为不同的情绪指数，其中细分为：兴高采烈、快乐、感觉还行、平常、感觉不佳、伤心、沮丧、焦虑。

每天晚上，你都可以花一些时间去细细回味一下当天的情绪，并在这种情绪相符合的一栏做标记，过些日子以后，再将这些标记连接起来。不久以后，你将会发现一个规律，而这一规律便是你的情绪韵律，这一测试通常都会非常准确。

如果你可以将这个小实验持续几个月的话，你便会惊讶地发现，什么时候是你的情绪高潮期，哪几天是你的情绪低潮期。在了解了自我情绪周期变化以后，你就能够对自己的情绪变化进行预测，同时对自我行为进行相应的调整。

当处于情绪高潮期时，你要注意让自己三思而后行，遇事不可过于兴奋，更不能随意进行承诺。在这一时期，你要多为自己安排一些难度较大、较为复杂的任务，使多余的精力可以得到最大程度的利用。

当处于情绪低潮期时，你要多鼓励自己这样的情况马上会过去，让自己打起精神来面对生活；多出去走走，参加体育锻炼，不断地放松自己，放松心情；多进行一些健康、有益的活动；多向朋友、家人倾诉，寻找心理上的安慰与支持，顺利地度过情绪的低潮期。

情绪反应的性别差异

日常生活中，这样的场景或许对大家来说并不陌生：一对情侣吵架，女孩哭得撕心裂肺、大喊大叫，而男孩面露怒色却往往闷不作声；电影院里播放着感人肺腑的影片，女生们随之哽咽、啜泣甚至哭得稀里哗啦，而男生则一般是神情凝重、淡然以对；小男孩刚学走路不小心摔倒了，年轻的妈妈大多会这样轻声安慰，"你是个小男子汉哟，要坚强一点""男子汉有泪不轻弹"……似乎在我们心中普遍形成了这样一种固定印象：女性情感细腻、温柔体贴，情绪表达丰富，比较容易受到外界的影响，比男性更情绪化；而男性则情绪不太外露，情感大多稳定沉着，比女性更加坚强等。

女性的情绪变化程度的确明显高于男性，尤其是在负面情绪中，女性对来自外界的唤醒负面情绪的信息，关注度明显高于男性。我们通常根据面部表情来推测他人的情绪，这并非毫无根据。很多研究已经证实：人类面部的皱眉肌区域对负面情绪事件以及令人沮丧的刺激非常敏感，而颧骨肌区域对积极事件和令人兴奋的刺激更敏感，并且无论有无外界刺激，女性的面部肌肉运动都比男性的面部肌肉运动要多。这似乎可以说明男性的情感体验少于女性的情感体验。但事实果真如此吗？

一项心理学实验结果显示：外显的情绪反应和内心的情绪体验并不一致，虽然男性和女性外在的情绪反应差异很大，但是他们内在的情绪体验并没有太大的区别，甚至男性对情绪的体验强度更大。换句话说，在面对同一刺激事件时，实际上男性有着和女性类似的或更强烈的情绪感受，只不过在外在情绪的表露上，男性较女性更加隐蔽，尤其是负面情绪，他们很少明显地表露出来。

2016 年 8 月 12 日，天津滨海新区发生重大爆炸事故，至少 6 名遇难消防员为家中独子，庞题就是其中一位。得知儿子牺牲的消息后，父亲庞方国在悲痛之余还颤声问道："庞题没丢人吧？"母亲几乎是整日沉浸在对儿子的思念中，以泪洗面，不吃不喝。为了让妻子好起来，庞方国没收了她的手机，删除了手机上儿子的照片，家里所有关于儿子的物品都被藏了起来。

2016 年 11 月 3 日，在日本留学的中国山东籍女学生江歌，被无辜杀害。失去爱女的单亲妈妈江秋莲，悲痛欲绝，曾一度怀抱女儿的骨灰盒入睡，她在微博上回忆着自己和爱女生前的点点滴滴，其中连吵架拌嘴都是甜蜜的回忆，她写道，"歌儿，你回来吧，我们拌嘴好不好"。每次出现在媒体采访的画面中，江秋莲眼睛都是红肿的，几度哽咽，精神几近崩溃的边缘。

在失去孩子之后，母亲们的情绪难以自控并且持续时间比较长，情感细腻的她们不由自主地去怀念过往的美好时光，并时刻沉浸其中难以自拔，从其外显的面部表情就能体会其内心的苦楚和丧子

（女）之痛；而父亲的表现则更显理性，他掩藏起了内心的伤痛，因为他深知自己作为家里的顶梁柱不能倒下、不可以倒下，家里还有亲人要照顾，还有那么多的事情等着他去处理。

情绪反应性别差异的原因，从根本上来讲与社会、文化因素有关。中国人自古以来就一直延续着"女主内男主外"的生活模式。女性擅长表达情绪、关心他人情绪，而男性则情绪稳定、沉着。在这种固有观念的影响下，人们对不同性别的情绪反应就抱有不同的期待，期待女性是温柔体贴的、情感细腻的，期待男性具有阳刚之气、英雄气概，勇敢坚强有责任心。这种期待体现在家庭和学校的教育中，并一直影响着男性和女性在成年后的情绪变化。

因此在人们的心目中，女性多愁善感往往易于被人们接受，而男性则应遵守"男儿有泪不轻弹"的社会规范，要学会抑制自己外在的情绪反应。但事实上这样会造成一些不良的后果，因为任何人都有情绪，并且情绪需要以恰当的方式表达出来，如果一味地压制它，尤其是负面情绪，必然会损害身心健康。

有研究推测，如果一个人的外在情绪长期受到阻碍不能正常表达出来的话，就会造成人体内在的压力增大从而引发某些疾病，例如，临床资料显示男性的心脏病发病率明显高于女性就是一个有力的证明。

可见，无论是女性还是男性，都应该认识到个人情绪的特点，关注自己的情绪健康。在此我们给出几点建议：

» 男性要学会疏导情绪

负面情绪要及时疏导，即便你自认为是顶天立地的男子汉，也不要轻易选择沉默。人在消极的时候总会联想到很多不好的事情，陷入恶性循环。在面对低落情绪时，找个适当的时机和家人倾心诉说，或是约三五好友促膝长谈，甚至是寻个安静的角落大哭一场，都可能让负面情绪得到缓解，让难解的心结豁然开朗。在释放情绪上，男性需要表现得更勇敢一点。

» 女性要学会调节情绪

"一哭二闹三上吊"确实是不少女性爱做的傻事，她们误将宣泄情绪当成解决问题的方式，结果反倒把事情弄得一团糟。所以，对于大多数女性而言，要学会把控自己的情绪，不要让冲动替代思考，遇到问题时，不妨大而化之地搁置它。

» 尊重个体情绪差异

每个人的个性不同，表达情绪的方式也不同：女性较随性，遇到事情会毫不保留地释放情绪；男性较内敛，面对突发状况会克制情感，力求理智。这样的差异再正常不过，没有任何优劣之分。正视个体的情绪差异，男性和女性可以相互学习，取长补短，从而让自己热情而不失理智，冷静而不冷漠。

"思想"是情绪的雕塑师

爱默生曾指出："一个人就是他整天所想的那样。"也就是说，只要知道你想些什么，就能够判断出你究竟是一个怎样的人。因为每个人的特性，都是由思想创造而成，每个人的命运也完全决定于他的心理状态。思想就像是一个雕塑家，它可以把你塑造成你想成为的那个人，或是你最不想成为的那个人。

一个女人在她年轻的时候就发过誓，说她以后绝对不嫁姓史密斯的男人，也绝对不嫁年纪比她小的男人，更不会去从事洗盘子的工作。然而十多年过去了，她不但嫁给了姓史密斯的男人，她的丈夫比她还要小上几岁。

这个女人曾经信誓旦旦地对自己说，绝对不会去从事洗盘子的工作，然而面对柴米油盐的家庭生活，她也难免与锅碗瓢盆为伍。这三件她曾经强烈拒绝的事情，她却一件不差地全都做了。

也许你也经常遇到这样的事情，你特别希望发生或者特别不希望发生的事情，都变成了现实。你也许会很奇怪，觉得冥冥之中仿佛有某种看不到的力量在左右着你的生活，但是你却不知道它是什么。所以有人说："只要你的愿望足够强烈，那么世界是可以听到你的声音的。"真的是世界听到了你的声音吗？或者听到你声音的其实是你自己？没错，其实真正左右你生活的那个神秘力量就是你的思想。

人的思想有种神秘的力量，在这种力量的作用下，你想得越多的事情，对你的吸引力就越大。你常常去想某件事，就会促使它实现。即使你想的是不希望这件事成为事实，它还是会实实在在地发生。这是因为人的心灵只能被诱导去做某件事，却不能接受诱导不去做某件事。

就如古希腊神话中埃庇米修斯告诫他的妻子潘多拉"不要去动那个盒子"一样，她最后一定会去动它，尽管她知道那样做是不对的，可是她还是必须去打开盒子。因为人的思想和心灵是根据画面运作的。当她自言自语"我不要去动那个盒子"时，脑海里其实出现的是一幅她正在动那个盒子的画面。尽管她口中说着不要，脑海中打开盒子的画面却萦绕不去，结果她就真的动了那个盒子。

你是不是也经常试着告诉自己："我一定要忘掉这件事。"可是结果呢？你对"这件事"的记忆只会越来越牢固。虽然，你一直在说服自己去忽略、去遗忘，但实际上，那件事只会在你的脑海里越来越清晰，越来越深刻，你怎么也忘不掉。因为那件事的画面会一直在你的脑中闪现，它的效果甚至比你说"我要记住那件事"还要显著。

你的思想会指导你的身体按照它所提供的画面和方向去采取行动。你也许认为这很神奇，其实这是你的身体听从思想的结果。你不想做的事情也是一样的，因为你正在做某件事的画面，让你的心灵只懂得接受"去做"的直观信号。现在你了解了思想运作的模式，那么，你就可以正确地利用它帮助你达成自己想要达成的愿望。

比如，如果你觉得你的孩子很吵，你应该对他说"请安静"，而不是"不要叫"，多使用正面的语言，吵闹的情况就会改善，这就是给他灌输积极心灵画面所产生的效果。如果你是一个新人，你上班第一天就犯了许多愚蠢的错误，当时你头脑中的想法肯定是"我千万别做错"，可是很遗憾，你却一错再错，那么，正确的做法是告诉自己"我必须认真一点"。又例如，我曾经在马路上碰到一个很有趣的事情。一个年轻人推着婴儿车，在人行道旁不断地说着"不要急，不要急，我们马上就可以过去了"。对于这个年轻人哄孩子的态度，我作为一个过来人是十分钦佩的。过后，我和他交谈才知道，其实他并不是在哄婴儿车中的宝宝，而是在劝自己不要着急。因为他自己是一个急性子，做事经常出错，所以在过马路的时候，不断地告诉自己要有耐心。

在现实生活中这样的事情还有很多。你需要做的是给自己积极正面的心理暗示，这样你的心里出现的才会是正确的画面，你才可能按照画面的指示去作出反应。这种积极的心理暗示，其实本身是情商对行为的调整过程。这个过程可能不会立刻就产生效果，而是需要很漫长的时间才能显现，这就需要我们不断地对自己作出正面积极的心理暗示，从而发挥其对身心健康的正向影响。

思想就是这样不可思议，但是它又不是无迹可寻的。高情商的人之所以做什么事情都那么顺利，就是因为他们能够恰当地运用思想，尽管他们也许并不知道思想的准确运作模式，可是他们积极乐观的生活态度却有意无意巧妙地遵循了这种正确的思维运行模式，所以他们很容易就使自已的人生达到理想的境界。而现在的你已经了解了思想的真相，即使你的情商本身并不高，那么是不是也应该学会去运用这条定律呢？你会发现思想是情绪的雕塑师，只要改变思想，就能塑造生活，只要改变思想，就能成为你想要成为的那个人。

情绪与情商：
能够控制情绪是心智成熟的表现

　　自从美国哈佛大学心理学系教授丹尼尔·戈尔曼提出了"情商"一词后，世人便愈发关注心理学与情商之间的关系。当我们想要提升情商时，从心理学角度去观察情绪，矫正情绪，从而全面地提升自己的涵养，无疑是一种快速而又有效的途径。

什么是情商

"情商"一词由美国的心理学家比德·拉勒维和约翰·麦耶在 1990 年正式提出。他们认为：所谓情商就是情绪智力，包括个人的恒心、毅力、忍耐、直觉、抗挫力、合作精神等方面的内容，情商与人的心理素质密切相关，它是一个人感受、理解、控制、运用自己以及他人情绪的一种情感能力。

"情商"这个概念一经提出，便引起了人们的普遍关注和重视。许多企业管理人员都把情商理论积极地应用到实际工作中。

新泽西州聪明工程师思想库 AT&T 贝尔实验室的一位负责人，曾经用情感智商的有关理论，对他的职员进行分析，结果他发现，那些工作绩效好的员工，的确不都是具有高智商的人，而是那些情绪传递得到回应的人。

这表明，与社会交往能力差、性格孤僻的高智商者相比，那些能够敏锐了解他人情绪、善于控制自己情绪的人，更有可能得到自己所需要的工作，也更可能取得成功。

1995 年 10 月，美国《纽约时报》专栏作家丹尼尔·戈尔曼出版了《情商》一书，把情感智商这一研究新成果介绍给大众，该书迅速成为世界性的畅销书。一时间，"情感智商"这一概念在世界各地得到广泛的宣传。

那么情商具体是什么？它具有怎样的作用呢？简单来说，情感智商是自我管理情绪的能力。和智商一样，情商（Emotional Quotient，简称 EQ）是一个抽象的概念，是一个度量控制情绪能力的指标。它具体包括情绪的自控性、人际关系的处理能力、挫折的承受力、自我的了解程度，以及对他人的理解与宽容。

康农来自美国的伊利诺伊州，是一位议员，在刚上任的时候就受到了其他议员的嘲笑："这位从伊利诺伊州来的先生口袋里恐怕还装着燕麦。"他们这么说是在嘲讽他身上的农夫气息，而这样的嘲笑让他很难堪。不过，当时他并没有情绪失控，而是很平和地说道："我不仅口袋里有燕麦，而且头发里也有着草屑呢，西部人嘛，难免会有些乡土气的，不过我们的燕麦和草屑，却能长出最好的苗来。"

康农很好地控制了自己的情绪，在受到讽刺后，并没有恼羞成怒，而是顺着对方的话，做了很巧妙的回答。这之后康农逐渐闻名全国，被人们称为"伊利诺伊州最好的草屑议员"。

从康农的事例可以看出，情商是一种情绪管理的能力。曾任美国总统的布什说过："你能调动情绪，就能调动一切。"情商高的人，他们管理自身情感的能力比较强，与人相处起来会相对融洽。反之，情商低的人，则会经常情绪化，容易大喜大悲，社会适应能力差，人际关系显得很紧张。

一个人在生活中总是会遇到种种不如意，有的人大动肝火，结果事情会变得越来越糟；有的人则泰然处之，在生活中立于不败之地。其实人类的情绪体验是无处不在的，这些情绪包括积极和消极两方面，对情绪进行管理，已经成为一种必要。

有人说，情商的高低决定了人生的成败，这句话不无道理，因为情商对于人生的作用日益重要，从情商所体现的几种功能上我们便能知晓一二。

» 识别、评价与表达功能

情商首先表现为对自己的情绪能及时地识别，知道自己情绪产生的原因，还能通过言语和非言语（如面部表情或手势）的手段，将自己的情绪准确地表达出来。

人们不仅能够觉察自己的情绪，而且能觉察他人的情绪，理解他人的态度，准确地识别和评价他人的情绪。这种能力对人类的生存和发展是很重要的，它使人与人之间能相互理解，使人与人之间能和谐相处，有助于建立良好的人际关系。

» 调节情绪功能

人们在准确识别自我情绪的基础上，能够通过一些认知和行为策略，有效地调整自己的情绪，使自己摆脱焦虑、忧郁、烦躁等不良情绪。

如有人在跳舞时能体验到快乐的心境，找朋友谈心可以产生积极的情感。当人们心情不佳时，就可以采取这些方式回避消极的心境，使自己维持积极的情绪状态。

同时，人们也能在觉察和理解别人情绪的基础上，通过一些认知活动或行为策略，有效地调节和改变其他人的情绪反应。这种能力也是情感智商的体现。

» 解决问题的能力

研究表明，情商在人们解决问题的过程中，能影响认知的效果。情绪的波动可以帮助人们思考未来，考虑各种可能的结果，帮助人们打破定式，或受到某种原型的启发，使人们创造性地解决问题。

茫然的情绪能打断正在发生的认知活动，但人们可以利用这种情绪，审视和调整内部或外部的要求，重新分配相应的注意力，把注意力集中于最重要的部分，更有利于抓住问题的关键而解决问题。

同时，情绪是一个基本的动机系统，它具有动力的作用，能激发动机来解决复杂的智力活动。充分发挥情绪在解决问题中的积极作用，也是一种情绪智力，在这方面，每个人的情商也是不同的。

要把这些不同的能力有机地结合在一起并不容易，而情商能有效地发挥这种作用，它把这些作用有机地结合在一起，然后来左右人们的思维，决定人们的判断，谱写人们的未来。

情商是一种表达情感的艺术，一个不懂得控制自己情绪的人，很难获得成功。因为太容易情绪化会让一个人丧失理智，从而作出不符合实际的判断。如果想要在未来有所成就，人们就要学会控制自己的情绪，这也是提高情商的办法。

情商对于人生的重要意义

美国的报纸上曾有一篇轰动一时的新闻报道：在蒙巴尔大桥上，一个 30 岁左右的男子快速越过桥上的护栏，纵身跃入蒙巴尔河。

这件看似普通的自杀事件，之所以会一石激起千层浪，成为当时人们议论的焦点，是因为自杀的人看上去并不普通。这是一位名叫伊顿的年轻人，他三年前从著名的斯坦福大学取得了博士学位。

正是这个名校博士的身份引起了人们的极大关注，按理说这样一个高学历的人才，应该拥有很精彩的人生，轻生这种事情不应该发生在他的身上才是。

可是很快人们就通过一系列的报道发现，伊顿并没有拥有人们所羡慕的精彩人生。他在博士毕业后一直在一家不知名的企业工作。在三年多的时间里，老板和所有的同事竟然对他没有太深的印象，只知道他孤僻、冷漠，除了工作，从不与人交往。而且，他的职位也很一般，他只是一位普通的管理人员而已。

媒体不厌其烦地走访了伊顿的母校，难以置信的是，伊顿在校时表现十分优异，而且，他与他的导师同是数项重要研究成果的拥有者。正是这样一位能力出众的高才生，却把自己的人生过得一塌糊涂，甚至草草收场，这究竟是为什么？

这个问题如果仅仅从他在伊顿大学的学习来推断，显然无法得出令人满意的答案。可是如果我们把它列入情商的范畴，那么答案就很明显了——因为他的情商太低。

这个答案看上去非常不近人情，可是这就是事实。优异的学业成绩，并不意味着你在生活和事业中能获得成功。成功不仅取决于个人的谋略才智，在很大程度上，还取决于正确处理个人情感与他人情感关系的能力，也就是自我管理和调节人际关系的能力。

心理学家普遍认为：对自己和他人情绪的评估能力是一个人最基本的情商。高情商者之所以更受欢迎，在于他对自己和他人的情绪能作出准确的判断，在此基础上调整自己的言行，而低情商者则因无法认知自己和他人的情绪，容易陷入心灵的困境中不能自拔，在现实生活中处处碰壁。而不断碰壁的结果就是让低情商的人不断地产生挫败感，当他们这种感受无以复加的时候，也就是他们情绪崩溃的时候。一个人情绪崩溃最坏的结果不是结束自己的生命，而是仇视和报复社会，进而引起一系列妨害社会和他人生命安全的可怕事件。

所以，你现在知道情商对一个人甚至对整个社会是多么重要了吧，而我们要做的远远不只是了解它的重要性。如果我们不想让自己的人生也发生如此可怕的事情，那么我们就必须从这一刻开始认真对待自己的情商。你要先了解自己的情商在怎样一个范畴，然后试着去通过一系列手段提高它。例如下面四个提高情商的方法：

» 善意地理解他人，接受他人帮助

我们不需要怀着其他人的帮助都是不怀好意、有所企图的想法，因为大多数人的帮助都是善意的，一味地拒绝他人的帮助也是一种不够成熟的表现。学会接受别人的帮助和建议，不固执己见，是一种高情商的表现。

» 尝试去宽容理解他人

每个人都有自己的优势和不足，尤其是工作中，或许同事不能及时完成工作，又或许完成的质量不合格，在面对这样类似的情况时，我们通常会为之恼火气愤。但仔细思考一下，其实每个人的成长经历不同，拥有的资源也不同。如果对方已经很努力工作了，那么单纯的责备绝没有比理解、宽容和鼓励对方更有效果。

» 不要尝试去改变他人

在我们的生活中常常会出现一种情况：当我们很想去帮助自己很关心的人的时候，我们可能会觉得他的状态太糟糕了，想快速且有效地去改变他的状况，但结果往往都差强人意，甚至适得其反。你要明白，我们不能将自己的意愿强加给别人，我们应该把自己认为正确的、有用的分析和理解告诉他，最后他的决定无论是什么，我们都应该理解和尊重。孔子说"己所不欲，勿施于人"，而实际上"己之所欲，亦勿施于人"。学会尊重他人的选择，对提高情商有着重要的作用。

» 学会控制自己的情绪

情绪对人的思想和行为有着很大的影响，一个人在情绪高涨或身心愉悦的时候面对朋友的求助，往往会欣然接受，且尽心尽力。

而情绪低落或气愤难过的时候，对于朋友的求助，通常会横眉冷对甚至严词拒绝。当自己处在盛怒的状态时，要学会控制自己的情绪，因为你要明白，不能因为自己很气愤就可以对他人发泄你的不满。学会控制自己的情绪才能维护好你和身边人的关系。

　　在提高情商的过程中，你会发现它让你学会审视和了解自己，学会怎样激励自己，你将不会再无助地听任消极情绪的摆布，你将能够从容地面对痛苦、忧虑、愤怒和恐惧。这对你的人生有多么重要你应该很清楚，不要以为成功只依赖于正面的东西，你要先保证负面的东西不拖后腿，才可能稳步前进，不是吗？

负面情绪让人失去理智、智商下降

负面情绪是人类自我保护的一种模式，短暂的负面情绪可以让智商暂时下降，大脑停止思考。这个时候建议大家别急着处理情绪，聪明的做法是给自己一个心理暗示，告诉自己："我现在正处于负面的情绪里，我很快就会把这个情绪储存起来，往正向的情绪转换。"如果随便处理，反而会变得纠结。

你当下要做的是，先陪着自己的情绪走一段路。你可以享受这种短暂的智商休息时刻，顺其自然，什么都不做，然后再选择用自己最擅长的方法让自己从负面情绪里摆脱出来。比如工作、逛街购物、美食……一定要让自己忙碌起来，而所有忙碌里，运动是转化负面情绪的最好方法之一。

上面是暂时处于负面情绪里时要做的事情。但是如果持续处在负面情绪里，问题就更复杂一些了。情绪的能量无法释放，就会产生不好的结果。

比如说压抑，让能量纠结成团，这样对自己身体的状态、内分泌功能的影响就会很大。可能导致身体产生局部肿瘤和包块，情绪不好的女性易出现乳房结节就是这个原因。把情绪压起来放在体内的人，属于比较纠结的人，这种人往往是看上去比较聪明，其实在情绪控制方面不太拿手。

十多年前，有个叫德维恩的人不小心在工作中将背部弄伤了，不久，公司便将他解雇了。失去了工作的德维恩一直承受着痛苦的折磨。他是一个非常喜欢生气的人：会因为受伤而生气，因为伤口无法痊愈而生气，因为公司的不公平对待而生气，也会因为家人与朋友的忽视而生气，甚至，他还会对上帝生气，他认为自己之所以会遭遇这样的痛苦，完全是上帝造成的。

在大多数的时间里，德维恩都会将自己关在家中，他从来不听广播，不看电视，也不回朋友的电话，而且一直为自己的不幸生活郁郁寡欢。就这样，他将自己完全封闭了起来。只要一有人问起他从前生活的相关细节，他马上会变得非常生气，眼泪也会突然夺眶而出，脸立即变得扭曲，同时大声吼叫道："不知道！去他们的！"

有一天，德维恩难得出门，正在街上走着的时候，他突然看到了一个从前与自己发生过矛盾的同事。突然，他双手抓着胸口，一下子摔倒在地。随后，他被急救车送进了当地的医院，在那里，他对医生说，自己在看到了那个人之后，便立即火冒三丈，接着，胸口便有一种剧烈的疼痛，而医生告诉他，他不幸患上了心脏病。

之后，愤怒的情绪便再也没有离开过德维恩。在41岁那年，他的心脏病第二次发作。在医院里，所有的家人、权威专家与牧师围在他的身边，向他发出了"最后通牒"：你不能再这么愤怒了，不然死亡很可能会带走你的生命，因为你的心脏再也无法承受这样的刺激了。此时，德维恩的脸上再一次出现了大家早已习惯的表情，眼泪也跟着流了出来，他大声吼道："不！我不愿意接受这一切！我宁愿死，也不能不生气！"

他的话语预告了他的死亡：三个星期后，当德维恩再一次地对着电话向他人大发脾气时，他的心脏病第三次也是最后一次发作了。当家人发现他的时候，他早已死去，手中还牢牢握着间接导致他死亡的电话筒。

德维恩明知道生气对自己来说是致命的，却偏偏无法控制自己的情绪，确切地说，是他没有想过要为此做出任何改变。长期的负面情绪让他失去了理智，也降低了他的智商，他不知道如何正确地释放坏情绪，还为此付出了生命。

聪明的人会释放情绪，所谓情绪释放就是跟着情绪走。在适当的范围内，在不伤害别人的状态下，让情绪自然流动。比如，通过叫骂把能量释放出去，通过打、通过哭喊释放能量，眼泪把能量带走，悲伤也就被带走了。

有智慧的人不局限于释放，而是会转化情绪。比如当别人骂你的时候，你说："谢谢你，我感激你，你又修炼了我一次，让我看清了我情绪控制的能力有多高。"处理情绪的方式决定了你是可以借助情绪的能量提升自己，还是让它聚集在体内成为一种灾难性的包块。这就是我们为什么要学习、了解、修炼情绪，提高情商。

转化负面情绪的心理暗示我们在后面会具体讲，这里先告诉大家最基础、最简单的六个方法：

1.语言刺激。时刻给自己积极的心理暗示，而且是长期暗示。

2. 视觉刺激。多看大场面的电影，多看一些关于自然、宇宙的画面。

3. 听觉刺激。多听气势宏大、积极向上的音乐。

4. 体觉刺激。多运动，尤其是积极向上的运动，比如跑步，或者其他能让你觉得兴奋的运动。

5. 触觉体验。多看、触摸色彩艳丽的物品，综合运用自己的视觉、触觉去感知美好的事物。

6. 整体感觉的体验。多跟积极快乐、有正向情绪的人在一起。

这六个方法其实都能起到放空你的大脑，让它接受积极暗示的功效。尤其是第六条，情绪很好的人，就像太阳一样，周围的人会被传染。人和人面对面的时候，心理的能量情绪影响范围大概三米远，三米远你就能感到他的热情、奔放。所以为了提高注意力，舞台的灯光要很亮，要把主角灿烂地呈现出来。多去和积极快乐的人接触，你的负面情绪就会瞬间被处理掉。情绪高涨的时候，人的适应能力最强，更不容易受到伤害。所以人要成功，一定要长期处在一种积极兴奋的状态。

长期处于正向情绪的人情商自然高

　　一对夫妻开车回家时，妻子不小心将车撞上消防栓导致翻车，从车里爬出来后双方身上已经是血迹斑斑，但所幸都没有生命危险。在等待救助的期间，丈夫提议和妻子合个影！因为他觉得和老伴一生经历的所有糗事都值得记录下来留作纪念……要是换成其他夫妻，或许这会儿已经吵得不可开交了吧！

　　既来之，则安之。既然事情已经发生了，就勇敢乐观地去面对，不抱怨、不沮丧，也不过分自责和责备他人。也许有人会嘲讽说，都出车祸了还有心情拍照，心可真大！但乐观的人做事情就是这样："兵来将挡水来土掩"，不抱怨，因为一切都是最好的安排，哪怕是生命终结的那一天，也要笑着去面对。出了车祸，车坏人伤，浪费了时间、金钱，耽误了行程，本就够糟糕的了，承受这么多损失后再吵架、再互相指责有用吗？只要人还在，一切就都好办。人生除了生死其他都是"小事儿"，心态好一切就都会好。

　　在糟糕的事情面前，能够管理和控制好自己的情绪，就是高情商的表现。英国心理学家克莱尔认为，情商包括这几方面的能力：能够认识自己的情绪，能够妥善管理自己的情绪，能够自我激励，能够体会他人的情绪。我们说一个人情商高，通常就是说这人很会办事儿、很会处理人际关系。的确，情商高的人除了开朗、自信、能够调控好自己的情绪外，还能设身处地为他人着想，用自己的正向情绪感染他人，这就是为什么情商高的人总是能够受到人们欢迎，因为他们身上时时刻刻充满和传递着正能量，给人带来舒适向上的感觉。

在普吉岛的 Club Med（地中海俱乐部）度假村曾发生过这样一件事：

一天，人们在大厅看到一位满脸歉意的日本工作人员，半蹲在那里不停地安慰着一个大约 4 岁的澳洲小朋友，而这位小朋友已经因饱受惊吓而哭得筋疲力尽了。后来才知道，原来是这位日本工作人员犯了错误，由于那天小朋友特别多，她一时疏忽，在儿童网球课结束后少算了一位，而将这位澳洲小朋友留在了偏远的网球场。等到她发现人数不对赶紧跑回网球场时发现，小朋友嗓子都快哭哑了。想想才 4 岁的小孩，当他一个人面对着陌生而空旷的网球场时，他该是多么孤独无助和悲伤啊。

不久后小朋友的妈妈过来了。如果你是这位妈妈，看着自己的孩子在那里哭得一塌糊涂，你会怎么做？痛骂那位工作人员一顿？很生气地将小孩带走，再也不参加"儿童俱乐部"了？直接向主管抗议？

都不是！人们看到的是，这位妈妈走过来后，蹲下对自己的孩子轻声安慰着，并且很理性地告诉他："宝贝，已经没事啦，那位姐姐因为找不到你而非常紧张难过，她不是故意的，现在你去亲亲那位姐姐的脸颊，安慰她一下！"

当下只见那个 4 岁的小孩，垫起脚跟，亲了亲蹲在他身旁的日本工作人员的脸颊，并且轻轻地告诉她："不要害怕，已经没事了！"

自己感到难过害怕的同时，也别忘了别人心里的感受。不得不说这位澳洲妈妈的情商实在是很高，在看到自己的孩子受到委屈后，她首先想到的是如何理性地处理问题以把伤害降到最低，她理解孩子的感受同时也看到了那位工作人员表现出来的内疚和自责，她的做法不仅及时安慰了自己的孩子，也教会了孩子宽容待人。试想，如果生气地怒骂工作人员或者采取其他极端方式来表达自己的不满，对于事情的解决有什么好处吗？怕是只会让自己的孩子更加受到惊吓吧。

现代心理学家普遍认为，情商水平的高低对一个人能否取得成功有着重大的影响，有时甚至要超过智力水平。的确，当今社会竞争空前激烈，仅有高智商并不能保证事业成功、人生幸福。

情商高的人懂得如何控制自己的情绪，而情商低的人总是想去控制别人的情绪。情商低的人会从自己的角度去和他人沟通，而情商高的人会从他人的角度去和对方沟通，他们不会总是一味地说"我"如何如何，而总是把"您"放在前边。

如何保持正向情绪以提升自己的情商呢？有专家给出如下几条建议：

» 寻找产生消极情绪的原因

当发现自己闷闷不乐时，应当及时分析原因，找到症结，集中精力对付，处理掉自己的消极情绪。

» 保持充足的睡眠

心理学实验结果表明，睡眠不足对情绪影响极大，会导致人心情不畅。

» 饮食合理

良好的饮食习惯是确保心情愉快的必要条件。研究表明，咖啡和糖的摄入可能会使人过于激动，而各种水果、稻米和杂粮更能使人心境平和舒畅。

» 亲近自然

进行户外运动，或者在办公桌上放几盆多肉植物也是个不错的选择。

» 经常运动

健身能使人体产生一系列生理变化，功效可能会大于提神醒脑的药物。

» 保持积极乐观

很多人总是把自己的消极想法当成现实，心理学家兰迪·拉森曾对着镜子改变自己的表情，他说，当僵硬的表情和紧缩的眉头改变后，那些消极的想法也没有了。

生活中，没有人喜欢和每天紧张焦虑的人做朋友；职场上，领导很少会重用时时充满悲观情绪的员工。人们总是喜欢和自信乐观、拥有良好心态的人相处，因为只有这种正能量才能让人如沐春风。让我们管理好自己的情绪，不做情绪的奴隶，学着做一个高情商的人吧！

对自己的情绪负责是成熟的表现

若有人问你，什么是成熟？成熟的主要表现是什么？你将如何作答？估计向 100 个人提出这两个问题，100 个人都会给出截然不同的答案。我们不得不承认的是，情绪是否稳定是检验一个人成熟与否的主要标准与方法，可以说，那些可以令人培养起稳定情绪的方法，同样也可以让人变得更加成熟起来。由此看来，成熟与情绪稳定有着必然的联系。

让我们再一次回到 2009 年 4 月 2 日于欧洲区进行的南非世界杯足球预选赛。

这一天，大名鼎鼎的欧洲豪门德国队与默默无闻但是拥有雄厚实力的威尔士队展开了激战。众所周知，欧洲球队无弱旅，双方的比赛自然进行得异常激烈。当比赛进行到下半场的第 38 分钟时，球场上风云突变，出现了令人惊讶的一幕：时任德国足球队队长的中场大将巴拉克在组织完一次积极的防守后，抬手指向在 2006 年世界杯一战成名的德国年轻前锋波多尔斯基，因为这个年轻而骄傲的球员在刚刚的防守中没有使出全力。

此时，令人惊讶的事情发生了：正在为自己没有进球而懊恼的波多尔斯基将巴拉克的手臂愤怒地拨开，并顺手给了这位在德国队功勋卓著的名将一个响亮的耳光！

所有人都没有料到，波多尔斯基竟然敢如此无礼、如此冲动。而队友们则认为，在大庭广众之下被抽耳光的巴拉克绝对不会忍受这样的奇耻大辱。但在当时，巴拉克只是捂了一下自己被打的脸颊，又全身心地投入了比赛中。

此时，德国队主教练看到局势发生了变化，迅速进行了人员调整，将情绪过于激动的波多尔斯基换下场。

这场比赛德国队最终以 2:0 完胜威尔士队，为自己进军南非世界杯打出了漂亮的一仗。

比赛结束后，波多尔斯基沦为众矢之的，而巴拉克却因为异乎寻常的冷静赢得了一向尖锐的球迷与媒体的支持。赛后，面对着媒体的追问，巴拉克并没有对波多尔斯基在场上犯下的过错进行过多的指责，只是说：波多尔斯基还年轻，当时我只是想与他进行正常的战术讨论，他还有很多东西需要学习。也正是因为巴拉克大度的保护，使得波多尔斯基得以免受更多的舆论谴责与足协处罚。对于巴拉克赛中的容忍、赛后的保护，波多尔斯基既羞又愧，他说自己就像是一个白痴一样，而那个耳光本来完全不应该发生。

在过去，我们根本不了解什么才是真正的成熟，只不过，在近些年，越来越多的专家开始对成熟的具体概念进行阐述，同时指出了什么样的素质才是成熟，这样我们才真正地了解了成熟的含义。当然，这样的成熟与情绪控制能力存在着必然的联系。在哈佛人看来，成熟便是要改变自己，不断尝试着去面对自己的问题：当你不断地对自我行为进行调整，以使改变可以更好地与个人目标相契合时，你的个人成熟度也在不断增加。

可以说，成熟既体现在生理指标上，同时也体现在个人心理思想上。成熟者总是拥有明确的独立观点，同时可以很好地处理自我与外界的联系。成熟不仅是一种能力，更表现为一种在面对不同生活境遇时，如何调整自我去做适应环境的行为，它表现在具体的行为与心理上。在面对突如其来的变故时，成熟者总是会照顾到方方面面，尽量从最有利的角度入手，对问题进行解决。不成熟的人则无法对问题进行全面考虑，他们只会凭借一时的冲动来处理问题，很少会顾及后果。而我们所说的情绪稳定，正是要让人们学会使用成熟者的思维方式来处理现实生活中遇到的问题。

人总是在不断的变化中走向成熟，当你将自己的现在和过去进行纵向比较时，你便能够发现，在岁月的流逝中自己变得成熟了；当然，你也可以与周围的人相比，这种横向比较会让你更明确自己的优势在哪里。以下是一些成熟者体现出来的心理特征与行为特征，你可以试着与自己进行比较，看自己是否符合成熟的标准。

» 信守承诺

成熟者不会出尔反尔，他们对自己的每一个承诺都非常重视，在承诺之前，也会进行周密的考虑，看自己是否有能力去兑现承诺，如果自己无力兑现，他们便绝对不会承诺。他们的每一句话都可以让他人感受到信任与放心。那种"满嘴跑火车"、迟迟拿不出行动的人，根本称不上成熟。

» 不夸夸其谈

成熟者不习惯高谈阔论，这并不代表他们没有演讲能力、不具备号召力，相反，他们会适当地沉默，更会在正确的时刻表达自己的观点。通常情况下，他们不会将自己的奋斗过程、伟大的梦想轻易示人，他们的精彩往往沉淀于思想上。

» 有学识，懂得内敛

成熟者总是在不断地追求进步，他们阅读，接受新事物、新信息，并不断对自我内涵进行丰富。但是，他们从不张扬，他们只有在必需的时候才会展现自己的才华，而且绝对不会为了满足自己的虚荣而去刻意地卖弄。他们就如同一杯陈年老酒，让人越品越有味道。

» 拥有宽广的心胸

成熟者从来不会贪图小便宜，更不会斤斤计较，他们不会在乎吃点小亏，更不会向他人喋喋不休地抱怨。他们的眼光从来不会被琐碎牵绊。在必要的时候，他们往往会展现出令人无法忽视的包容能力。

» 不以自我为中心

成熟的人总是会尊重自己，更会尊重他人。他们习惯换位思考，站在他人的立场上考虑问题。他们不会强求别人迁就自己，懂得与他人进行合作。

» 敢于大胆承认自己的错误

成熟者乐于接受不同的意见，他们善于从众多的建议中甄选出最佳答案；在面对自己的不当决策时，他们总是勇于承担后果，而且从来不会找借口故意推诿责任。

» 拥有着坚定的意志

那些拥有成熟品质的人一般都拥有处变不惊的心理素质，一旦确定了自己的奋斗目标，他们便会朝着它不断地努力。在遇到了挫折以后，他们会不断地分析原因，吸取教训，对自我人生方向进行及时的修正，但是他们从来不会轻易退却。他们也会产生疲惫之感，但是在进行休整之后，又会信心十足地再次出发。

泰戈尔曾说："除了通过黑夜的道路，无以到达光明。"在通往成熟的道路上，不存在终点，只有不断的行程。令人无奈的是，想要获得成熟，你必须要经历无数的人生挫折。成熟并非不犯错误、不会冲动，而是自己能真正地从错误与冲动中吸取教训。真正的成熟往往与理性、纯真、道德统一在一起。成熟之美在于，时间与代价是你永远必须持续付出的，而在时间的历练之下，成熟者会不断完善自我情绪，让自己变得更好。

通过情商的自我训练，培养出健全的人格

在一间教室里，15 名小学五年级的学生围成一圈，盘坐在地上准备上课。上课前，老师开始点名，喊到名字时，学生不是传统式地答应一声"到"，而是报分数来表达他当天的心情。1 分表示心情低落，10 分表示情绪激昂。看来这一天大家的心情都很不错：

"迈克。" "10 分：因为是周末，我心情很好。"

"玛丽。" "9 分：有点兴奋，还有点紧张。"

"乔治。" "10 分：我觉得很快乐。"

这是纽约学习中心情商自我训练班的上课情况。自我训练班学习的主题，是个人及人际关系互动中产生的感觉。要探究这个主题，老师和家长都必须专注在孩子的情感生活上，这正是绝大多数学校和家长长期忽略的课题。

训练班以孩子们在生活中遇到的实际问题为题材，比如被排挤的痛苦或是嫉妒，以及可能引发打斗的纷争等，都是上课讨论的主题。该校的主任兼课程设计人凯伦指出，孩子的学习行为与他们的感觉息息相关。情商对学习效果的影响，绝不亚于数学或是阅读等方面的引导。

情商教育的根本价值在于：让人们在学习中不断地积累经验，直到在脑海中形成明朗的路径，以至习惯成自然，在面临威胁、挫折或伤害时，就可以收放自如了。这种看似平凡而琐碎的课程，却可以培养出较为健全的人格。

这种课程对孩子的人生发展大有裨益。将来，无论他们是扮演朋友、学生、子女、配偶、员工、老板、父母、市民等任何角色，都更为称职。这正是当今社会迫切需要的。当然，不可能每个人都跑到纽约去专门学习这项课程，然而我们却能够通过情商的自我修炼来完善自己性格当中缺失的部分。

你可以像课程中示范的那样，每天在出门之前给自己的心情打个分，然后认真分析自己的这种心情是否有利于自己一整天的生活。如果有利，那就继续让它保持下去；如果不利，那就找出原因，认真分析，想办法让不良情绪在你上班或赴约的途中得以缓解。将这种方式长期坚持下去，你就会发现自己在遇到问题时不会再像以前那样六神无主或惊慌失措，你能够正确分析和掌握自己的情绪，在越来越多的情况下都能够收放自如。

情商修炼的方法当然不止这么简单，我们要说的是一种坚持正确方式的态度，让好的东西成为自己的习惯，去潜移默化地指导自己的生活，这就是高情商者练成的法则。

也许很多高情商者本身对此没有什么特别意识，但是他们已经在潜意识当中指导自己这样去做了。对于已经意识到自己的情商有待提高的我们而言，虽然不能像高情商者那样在自我意识当中自动形成，可是我们却可以通过人为的强制执行让自己主动去改变。

积极的心理暗示能改变人生

日常生活中，心理暗示现象普遍存在，每一天，不同的暗示都会在不同程度上对我们的生活产生或积极或消极的作用。积极的心理暗示会让我们发现生活中的动人之处，拥有勇敢前行的勇气；消极的心理暗示会让我们对自我、对现实失望，进而陷入自我认知所导致的沮丧情绪中。在现实生活中，我们应该学会尽量多给自己一些积极的心理暗示，避免过度消极的心理暗示。

在哈佛大学的心理课上，曾经出现过这样一幕：教授们向同学们介绍了一位来宾——"菲利博士"，教授告诉他们："菲利博士是一位举世闻名的化学家，今天他到这里来，是为了做一个实验。"

之后，菲利博士从自己的皮包中拿出了一个装有不明液体的玻璃瓶，同时告诉大家："这是我近期正在进行研究的一种物质，它具有极强的挥发性，一旦我拔出瓶塞，它便会马上挥发出来，但是，它对人体并没有危害，可是会有一定的气味。当打开瓶子的时候，请那些闻到了气味的同学立刻举手示意。"

说完，菲利博士便拔出了瓶塞，同时拿出一个秒表。一会儿之后，只见所有的学生都举起了手。

教授此时告诉学生们："好，同学们，我们的实验结束了。但是，很遗憾的是，我不得不告诉你们，菲利并非一名博士，他只是我们学校中其他分院的一位老师，而那个瓶子里面装的，不过是普通的蒸馏水。"

听完教授的话，同学们面面相觑：刚才实验进行过程中，自己的确闻到了一种气味，这到底是怎么回事？

教授此时也已经看到了学生们的疑惑，他做出了解释："这便是我们这一堂课需要去学习的东西：我们会不断地接受周围人的暗示，并相信他人的话语，当菲利博士暗示瓶子里装了一种气味很小的化学物质时，你们相信了，同时也相信自己闻到了那种特殊物质的气味。"

也许你不会相信这样的心理暗示，但是，在现实生活中，这样的暗示的确存在：当你发现周围有人在不停地打哈欠时，你也会不由自主地跟着打起哈欠来；有人不断咳嗽时，你的嗓子也会开始发痒；当看到了他人正在全力奔跑时，你的脚步也会在不知不觉间变得快速起来。

通俗而言，心理暗示便是通过一些潜意识可以理解、接受的各种语言与行为方式，帮助自我意识达成愿望或者直接启动行为，使个人潜能得到全面的发挥，令潜意识中的力量得到调动。

心理暗示现象在我们的生活中极为普遍，而且它每天都在不同程度地对我们的生活产生影响。这种暗示是一把双刃剑，它可以让我们感受到生活的积极面，也可以让我们陷入消极的情绪中。在现实生活中，我们应该不断尝试着多给自己一些积极的暗示，避免消极暗示。

» 学会与自己说话

调动自我暗示的最有效方法就是对自己有声地说话，将内心深处的"潜意识"充分调动起来。你可以站在镜子前面，看着自己的眼睛，真诚地进行个人愿望的表达："你马上就要面对这项至关重要的工作了，我相信你的实力，只要你愿意努力，你一定会成功的！加油！"

在你初次这么做的时候，可能你会感觉到难为情，并认为自言自语的样子有些傻；但是，在多次的尝试之后，你便会发现，经过这样的心理暗示之后，你往往会变得更加积极乐观，思维与行动效率也会不断提高。

» 将内心感受表达出来

心理学中有一种内省法，是让人对自我的内心深处进行冷静的观察，然后，再将观察的结果如实地讲述出来。当你的信心不足时，你应该与家人、朋友多进行交流，让自己将心里话全部如实倾诉出来，这样的方式会让你心理上的压力得到有效的释放，让你获得他人的安慰、鼓励与支持，使自我信心不足的状态得到有效缓解。

» 将挫折与失败当成最后一次

在遭遇了失败与不顺的事情后，你应该尝试着告诉自己："这是我所能遇到的最糟糕的情况了，不可能再有比这更倒霉的事情出现了。"当你这样告诉自己以后，你的潜意识便会意识到，既然"最糟糕的事"都已经出现了，那么，接下来事情便会向着好的方向发展了。这样做会让自己的信心增加，使内心安全感有效增强。

» 不要过度强调负面的信息

你不要总是对自己做出这样的提醒，"昨天我还有一半的工作没有完成""这类问题总是会让我感觉到无助"等。越是担心，事情便越会发生。聪明人总是避免使用失败的教训来提醒自己，而是使用更积极的暗示，如"我还有一半就完成工作了""这样的问题多遇到几次就会有经验了"等。正面而积极的指导与暗示，比起一味地强调负面结果，会拥有更好的效果。

» 不要认为自己是失败者

不要总是认为自己能力不足、缺乏经验。要知道，现实生活中真正可以将你击倒的人有时候恰恰是你自己。因此，千万不要给自己贴上此类的负面标签，而是应该多给自己增添一些信心与激励，让自己树立起信心。

» 建立起良好的行为习惯

积极的自我心理暗示不仅仅是通过潜意识上的沟通来实现的，还包括了许多行为习惯方面的因素，特别是在一些细节问题上。比如，在走路时让自己挺胸抬头，你便会感觉自己很有精神；在出门时好好地照照镜子、整理好仪表，你便会对自己拥有积极的评价；让平日工作与学习的地方保持整洁，你便会更加从容而具有条理……这些表面上看起来微不足道的地方，其实都会对一个人的精神风貌产生潜移默化的影响。

自我暗示有着非常多的用处，其使用范围也非常广泛，只是在刚开始的时候，效果往往不会太明显。人的心理调整从来都不是一蹴而就的，想要原有的心理活动按照自我期望的轨迹发展，需要你保持一定的毅力。万事开头难，让自己持之以恒，不以途远而怯之，不以效微而废之，时间久了，自我暗示便一定能够成为我们进行心理调节的最好助手。

利用反向调节法，帮助自己摆脱困境

有一个人，年过半百，却因为开罪了上级而被贬职，调到离家较远的郊区工作，他每天要骑两小时自行车才能到工作的地方，天晴的时候还好，遇上刮风下雨情况就不妙了。刚开始时，他心里觉得十分痛苦，抱怨世事不公，痛恨领导公报私仇。

后来有一天早上，他像往日一样懊恼又痛苦地骑着自行车去上班，他扭头往旁边一看，看见旁边的田园风光竟是那么怡人，再吸了一口空气，竟然比城里的要清新很多，而且还有城里听不到的鸟鸣声。顿时，他的心情好了起来，他想："这样也不错，每天可以不用去健身房就能锻炼身体，而且工作的环境明显比以前更加环保；再说，对方之所以把我调到这里来，不就是为了让我难受吗？那我为什么要让他如愿呢？为什么不更加开心地工作和生活呢？"这样一想，他心中的郁闷立时消散了，而往日的漫漫上班路也似乎变得近了很多，同时，他的心情也不低落了，又能精神抖擞地愉快工作了。

从心理逆境中走出来的他深有体会地说："人们在逆境中，往往太过专注于自己的痛苦而忽略了其他的积极心理状态。如果你能正视现实，并积极地发现事情有利的一面，就可以成功地用积极心态替换掉消极体验，使心理发生良性变化，让痛苦变成愉快，从而从逆境中超脱出来。"

其实，这个人用的就是心理学上的反向心理调节法，也称为反向思维法，是对同一问题的不同角度的看法，其关键要以"趋利性"为其思维方向。换句话说，就是当你陷入困境或逆境时要从积极的方面去想，努力从不利中找出令人信服的积极因素，从而调动起自己的积极心理因素去战胜消极心理。

"前方是悬崖，希望在转角"，当你感到痛苦时，换一种思考方式，让自己去发现事情好的一面，这是你自己可以驾驭的。比如，在经济危机中，你被解雇了，你可以选择无止无尽地为明天的生计担忧、为自己失去了饭碗而抱怨，也可以选择因为自己有了重新选择职业、重新开始自己的事业生涯的机会而高兴。

在生活当中，逆境的出现是不可避免的，反向心理调节法正是适用于逆境的一种心理调节法。当你把逆境看成是一种上帝的恩赐，看到逆境带给你的好处的时候，你就战胜了逆境。

情商之所以能发挥出异乎寻常的功效，关键在于它是对现实的能动适应。只有在现实冲突中，情商才能有所作为。你要到什么时候才肯去尝试新观念、做出有创意的决定？当你觉得自己不这样做就要被淘汰的时候！要到什么时候才能体会到为顾客服务的重要性？当所有顾客都不再光临的时候！要到什么时候才会明白认真工作的重要性？当面临被炒鱿鱼的危险的时候。当你面对这些逆境的时候，你可以将它看成是一次尝试和创新的机会，一次对工作情况的自检，一次自我完善和提升。

在成功的时候，许多人都会大肆庆祝，却很难从中有所收获；而失败和挫折虽然会让人沮丧、挫败、难过，却能够让人从中吸取教训，为获取成功创造条件。

现实是残酷的，又因残酷而精彩、美丽。运用反向调节法，你就会发现，那些让你痛苦不堪、难以忍受的逆境往往是你人生的转折点。只有在失败的铁砧上不断锤炼，才能锻造出铁的品质，而这种品质不正是一个低情商者所需要的吗？

情绪表达：
合理释放情绪，有益心理健康

　　情绪表达就是要释放情绪，调节情绪"水位"。可是，因为我们必须在社会中生存，情绪表达当然就必须以不伤害别人、不伤害自己为原则，否则释放了原来的负面情绪，却因为不符合社会规范而受到惩罚，就会因此产生更大量的新的负面情绪，对于情绪"水位"的调节不但没有帮助，还有可能有妨害。因此，规范的情绪表达方式，是人类在社会化过程中逐渐学习而来的。

没有情绪的人生是种缺憾

有个叫鹏鹏的孩子，14 岁被诊断出骨肉瘤，17 岁时就被告知，最多还有一年的时间可活。他经历着肉体和精神上的双重折磨，便对自己说："反正都快要死了，还有什么可快乐或悲伤的呢？人生怎么样都无所谓了，生活的意义也没有了。"

他就这样浑浑噩噩地活着，对一切事物和现象都没有兴趣也没有任何情绪，人生对他来说也是无所谓。时间就这样一天一天地过去了，他的身体状况越来越差，剩下的日子也越来越少了。他对家人的态度越来越冷漠，自己的存在感也越来越弱。

有一天，一个志愿者带着另一个同样身患骨肉瘤的少年来看望他。见到那个少年笑容满面、容光焕发，鹏鹏十分好奇，于是就问他："你为什么能这么开心呢？我现在觉得我可能明天就要死了，对一切事物都特别麻木，什么事都不能让我开心了，什么事对于我来说也都无所谓了。"

那个少年回答说："我不一样，我觉得明天可能就是我生命中的最后一天，所以要珍惜现在，能活一天就开心一天，开心一天就赚了一天。"

鹏鹏这才恍然大悟，自己原来真的是在浪费本就所剩不多的时间，于是情不自禁地流下了眼泪。他最后遗憾地离开了人世，他说："我如果好好生活，可能不会像现在这么遗憾和后悔吧。"

就如同鹏鹏一样，有很多人在种种生活压力之下已经被蹂躏得浑浑噩噩，已经没有情绪，也不会表达情绪了。但是在日常交往中，情绪的表达有助于他人理解并回应我们的需要。不会表达情绪，会给我们的日常交往带来巨大的障碍。

情绪是个体对本身需要和客观事物之间关系的短暂而强烈的反应，是一种主观感受、生理反应和认知的互动，并表达一些特定行为，是人对客观事物是否满足需要的态度体验。心理学家理查德·拉扎勒斯认为："情绪是来自正在进行的环境中好的或坏的信息的生理心理反应的组织，它依赖于短时的或持续的评价。"而情绪表达是人们用来表达情绪的各种方式，其功能就在于纾解情绪，使情绪"水位"下降。积极的情绪表达为：和别人握手时，要表现出热情、诚恳、可信和自信；谈话时，要轻松自如，不吞吞吐吐，慌慌张张，没有相互敌视和防范的心理和行为。消极情绪表达为：初次见面时被动握手，接触时距离较远，不太注意倾听对方的谈话，在对方说话时心不在焉地干一些别的事；说话时相互猜忌，防范多于谅解和理解。面对各种各样的事情表达丰富的情绪才是正常人的行为。

有人曾向一位心理咨询师倾诉："伴侣总问我，你到底在想些什么？你能不能告诉我？你能不能别一副干什么都无所谓的样子啊？可我就是说不出口，是不是我有什么问题啊？"他的困惑不是个例，很多人即使产生了情绪也不会表达。

很多人觉得情绪这种东西只需要自己慢慢消化，即使有强烈的负面情绪，也只会打碎了牙往自己肚子里面咽，不需要表达，不需要分享，让别人觉得自己毫无情绪才是正确的。然而事实恰恰相反，对于每个正常人来说，表达情绪都是非常重要的，没有情绪的人生才是种遗憾。

我们拥有情绪、懂得表达情绪才能和他人建立真实的联系，不会表达情绪的人会感到没有人理解他们内心深处真实的自己，但他们却没有意识到，是他们的自我封闭隔绝了他人靠近的机会。学会表达情绪，对于我们的人生有很多重要意义。

» 获得情感的联结

如今，越来越多的人感觉到孤独。孤独并非因缺乏陪伴，而是在于没有获得满意的联结。而获得满意的联结的条件之一，是拥有情感上的亲密感。当你感觉对方懂你的情感、认可你的情绪时，你会感觉对方更加亲近，才会跟对方积极相处。对他人暴露情感确实有风险，但想要摆脱孤独、想要和他人建立联系，人们需要勇敢地迈出一步，去承担情绪风险。

» 缓解心理压力

说出内心的情绪可以缓解压力，让你感到更放松。当你试图掩盖自己的情绪，把它当成秘密时，你会焦虑于别人发现秘密，并且保持一种警觉，反复检查自己是不是透露出蛛丝马迹。特别是当你想掩盖的是一种负面情绪时，不断地自我反省检查只会让你更关注自己的负面情绪，更久地沉浸在负面情绪中。

» 加深自我了解

在深度表达情绪之前，人们会有自我审视和梳理的过程。在表达过程中，人们会不断地问自己："我现在的情绪是什么？"在不断的追问中，人们或许会发掘自己内心更丰富的内涵和层次，能加深对自己的认识。而且，当我们试着用长句深度地阐释自己的感受时，我们会将过去引起情绪的情景，与当下自己的情绪连接起来，审视过去与现在的关系。

越是充分地表达情绪，人们对于自我，对于事情的分析就越有逻辑，从而做出冷静的、富有逻辑的决策，而不被混乱的感觉驱使做出错误的决定。

我们要懂得表达情绪的意义，即使面对庸庸碌碌的人生也不要丧失我们的情绪，没有情绪的人生才是种遗憾。但这并不意味着我们有了情绪就可以肆意表达，错误的表达方式可能也会给我们自己和他人带来伤害。掌握正确的情绪表达方式，才会使情感表达更加顺畅，让生活更加惬意。

表达与控制情绪的艺术

既然情商能够左右人生，而情绪表达又影响了我们的整个人生，那么，我们就应该鼓励自己学会表达，并找有效方法来正确地表达情绪。我们要学会用另一种情绪来代替不恰当的情绪。选择正确的方式去表达情绪，就具备了实现目标的能力。

天生就非常善于表达情绪者往往对情绪表达的范围拥有清晰的认识，且他们在不同的情况下都能展现出弹性的反应，从而提高人际交往与个人事业的效率，并能够在行为表现、环境与自我概念之间形成满意的协调结果。

不管是与朋友相处，还是与不相识的人打交道，赵傅常常会吹嘘自己的成就，虽然他的确是为了让他人更尊重自己，但是，他言语与举动中表现出来的骄傲自满，使大部分与他交往的人都非常不满：没有人喜欢夸夸其谈的人，哪怕这个人真的非常出色。

当赵傅发觉自己的朋友越来越少，愿意与他合作的同事也渐渐减少时，他开始正视自己的问题。在审视过自己的人生后他发现，自己并没有宣称的那么成功，而自己也要正视这样的事实。从觉醒的那一刻开始，他渐渐地愿意去接受真实的自己，并真诚地赞美朋友，这使他再一次成为朋友群中受欢迎的那一员。

而赵傅的妻子丽丽更"善于"表达自己的情绪。每当她感觉不满时，都会抓住机会向朋友、家人甚至是同事大肆抱怨。但是，她越是这样，大家越是鲜少理会她或是安慰她，她甚至得到了这样的称号——"怨妇"。现在，丽丽更多地学会了保持沉默，直到她可以针对不满的来源来做出改变，或是有勇气将不满的主要原因说出来，并向人求助。

你可能并不赞同他们所做出的表达上的改变，因为你有更好的方法，或者你是与他们不同的人。不管真实情况怎样，这些例子都说明了，改变错误的情绪表达方式的确会让我们的生活得到改善，而且，情绪表达模式虽然有其惯性，但它却是可以改变的。

假设你是一位母亲，你突然发现，自己刚过 15 岁的儿子发生了不安全的性行为。经过了解后，你生气地指责他，并训斥他：你还太小，不可以有性行为，你会毁掉自己的生活，也有可能因为你的不负责任而毁掉另一个人的生活等。但他对你的说教毫无兴趣，且在与你争吵后快速地跑出了屋子。

在这种情况下，你对孩子未来的担心虽然可以理解，但在此番沟通中，你并没有显示出你对儿子的影响力。很显然，在此种情况中只有改变自己的表达方式，才有可能使问题得到解决。

鉴于大部分人对改善情绪表达与控制情绪并不擅长，我们有必要引入一些科学的方法：只要你借着下面的指导性原则来选择新的且更有积极性的情绪表达，那么，你就有可能解决一些如同上述案例的难题。

步骤一，确认自己的确以一种不满意的方式表达了你的情绪。虽然生气，但你要知道，自己想要表达的并不单单是生气，而是你对儿子有可能毁掉自己与他人的生活而感觉到的担心与关心的情绪。

步骤二，找出是什么让你想要透过情绪表达来完成的。比如，你想维持对某件事情的参与感吗？抑或你只想将自己担心的感觉传递给他人？或是追求更协调的举动？有关你儿子的性行为，你身为家长，想要通过这件事情，使他建立起更有责任感、更谨慎的人生观念。

步骤三，想出五种以上的情绪表达方式。你可以利用自己过往的经验与他人的例子来进行，也可以创造出新的可能性。你可以大声地责骂他；买一些他能够看得下去的性教育书籍给他看；安排一位他一向钦佩的友人、长辈来与他谈论这件事；让他参加一个青少年性行为与怀孕的社会公益组织，让他了解不安全性行为的后果。

步骤四，对你想出的每一个情绪表达方式与行为细细琢磨，并决定，哪一种表达可能更有用。如果没有一个是有用且适合的，那么，回到上一个步骤，并想一下其他的可能性。如果你的儿子始终不愿意承担性行为后的责任与结果，那么，请青少年问题专家与之交流可能是更好的选择。

步骤五，以你所选择的表达方式，再一次地回想片段，这一次，更进一步地推敲你的行为并检查，以确定这种做法确实能带来你所渴望的结果。想象你与儿子的理性谈话，或是想象安排他与青少年问题专家会面，这两种选择都有可能让你的儿子意识到问题的严重性。

步骤六，踏入这一片段中，感受自己的情绪，并尽可能地想象，如何以这种方式来表达。首先与你的儿子展开一段正经的谈话，并进入"必要性了解"的阶段，你将会认识到，在这种情况下，你要如何向儿子更准确地表达自己的关心。

步骤七，想象一个未来你有可能感受到这一情绪的场景，并想象在那样的场景中，你希望儿子如何去做。你的儿子明天将与女孩有一个约会，而你希望他能够更谨慎、更负责任地对待这一阶段的性行为。

步骤八，想象至少两种情况，并重复步骤七，如果需要，你可以对自己的行为稍做调整。若你发现新的表达方式并不适合某类未来有可能发生的情况，那么，以不同的情况，再从流程的第二个步骤开始，重新进行一次。

在该方法中，一、二两个步骤是必需且一定要进行的，因为它们可以帮助你找到自己所感觉的情绪，以及在这个情况下你期望获得的结果。知道你的情绪与你渴望的结果同样重要，因为只有这样，你才能选择更好的表达方式，使你的感觉与结果相协调。

在将惯性情绪表达、转变成更好的情绪表达过程中，不知道自己的感受与想要的结果，就如同在进行旅行时，你不知道要怎样旅行与到底要去哪里一样，都是盲目而无益的。因此，你要学会询问自己："我到底想要什么？"这个问题的答案往往会为你提供你所需要的讯息，以便你做出恰当的改变。

只要你知道自己眼下在什么地方以及想要去哪里，你就可以开始找寻到达那里的方法。这是步骤三的功能。不过，你必须要先找出五种可能表达感觉的方式，这样可以刺激你思考有关人们如何表达情绪的做法，你的经验、其他人的经验，甚至是书与电影中的灵感来源等，都是可以借鉴的方式。除此以外，你也可以简单地推测自己下一步应该做什么，以便在你关心的情况中，能够更好地表达情绪。

步骤四、五的目的则是测试你已经选择了适当表达的机会，此时，表达本身可能已被显示了出来。比如，你可能对自己的爱人感觉到气愤，因为他总是如同小孩子一般乱发脾气，而你过往习惯性的表达是嘲笑对方。但当你实际地了解他的感受以后，你会发现，这只会让你的爱人更愤怒，甚至有可能愤怒到离开你的地步——于是，你决定找出其他更有效的表达气愤的方法。

步骤六、七、八是要帮助你选择未来行为的步调，多试几次，在你想象的有可能发生的情况中，尽可能地去感受、去看、去听你将会体验到的事情。

在使用该方法时，你应该事先进行演练。因为当你沉浸于已经产生的情绪与发生的情况中时，你往往会无法评估自己是否需要调整行为。毕竟，我们要从一个习惯性的情绪变换到另一个不习惯的情绪中是需要一段时间的。

表达情绪的几个层次

言情剧中经常会有这样的剧情：女主角意外发现男主角移情别恋，她的情绪突然失控，最初是在痛苦中抱怨与自责，然后找人发泄心中的愤懑，随后是思考，最后是接受现实。这是很正常的过程。一个人受委屈了，首先会想不通，会对自己说："为什么我要受委屈呢？"之后就会去找别人发泄出来，将一部分的不满宣泄给可能并不知情的第三方。然后是冷静下来思考问题的根源所在，最后不得不接受眼前的现实。

遇到引发负面情绪的事情时，人们的表达方式通常会有五个层次：

第一个层次是抱怨。当一个人内心太脆弱太依赖别人，无法承受自己的负面情绪时，便会觉得一切都是别人的错，会盯着消极的方面，对他人不满，不愿意为自己的情绪承担责任，一直指责别人或者埋怨周围的环境。

第二个层次是自责。当人们想通一些事情后，虽然也会有对他人、环境的一些不满，但更多的是开始从自己的身上找原因，会觉得自己表现得不够好，会经常自责、内疚，但又无法有效地处理这些情绪，所以会陷在内疚与对自己的不满中无法自拔。

第三个层次是发泄。当内心积累了特别多的负面情绪后人们往往会很难控制自己，会找身边人去发泄或诉说。可能一些无辜的人就莫名其妙地成了受害者。你当时会十分愤怒，会做出一些事后想想非常后悔的过激行为。这样之后情绪便会在愤怒中一点一点地开始消散。

第四个层次是思考。这时人们虽然身体中也会有负面情绪，但是已经会从自己的角度反思，用建设性的、对他人无害的方法宣泄情绪，不对他人或与他人的关系造成任何负面影响，也不会让自己过多地内疚和自责。这时已经可以合理区分情绪中自己的责任和环境的责任了，并有了有效方法去面对情绪。这个层次的情绪表达已经可以用包容的心态去面对，能够做到对自己包容、对他人和环境包容。这对于自己来说，将会是一个好的开始。

第五个层次是接受。在这个层次，人们不再紧盯自己的消极情绪，而是能从负面情绪的教训中总结经验，也能为自己的情绪承担责任，在一言一行中尽是对他人的理解、包容，自己也会渐渐从负面情绪中走出来，不再为其所困。

张小姐是一位职业女性，朝九晚五辛勤工作。有一天，老板要求她必须在今天之内完成一项新的项目投资方案。她看了看时间，感觉必须要加班才能完成工作。可她还要去接正在上幼儿园的孩子，于是她给自己的老公打电话，希望丈夫能去接孩子，无奈电话却一直没人接听。迫于无奈她只好先去接孩子回家然后再回公司工作。

回到公司已经非常晚了，疲惫令张小姐的情绪变得焦躁。她发现打扫卫生的阿姨不小心在她的办公桌上洒了一些水，于是对阿姨大喊大叫发泄情绪。阿姨特别无奈也感觉莫名其妙，自己只是做了正常的工作，为什么要挨一顿骂呢？

生活中，我们经常会遇到某些人突然莫名其妙地对自己发火，你也不知道发生了什么，感觉自己也没做错什么，你若反驳，他会越闹越凶。其实，上面事例中展现的就是情绪表达的第三个层次。如果知道他人在发泄情绪，就不要太较真对与错，等事情过去再跟他理论对错才是正确的处理方法。

有人会觉得愤怒应该是情绪表达的第一个层次，实际上愤怒是无压抑的情绪表达，是一种发泄，说明本人是有察觉的，并且通过一定的方式将自己的愤怒表达出来。愤怒是有意将情绪带动到一个较高层次的愿望和表现，并且有从这个层次提升的苗头，无法立即抽离，需要时间，或者用另一种活动来分散自己的注意力，来打消消极思维。这与无意识的本能反应相比是属于第三层次的情绪表达。

唐纳德·诺曼在《情感化的设计》一书中将人们对事物的情感体验根据大脑活动水平的高低分为三类：本能水平的情感、行为水平的情感和反思水平的情感。这很容易理解，本能水平的情感对应的就是第一个层次和第二个层次的抱怨和自责；行为水平的情感对应的是第三个层次的发泄；反思水平的情感对应的是第四个层次和第五个层次的思考和接受。

情绪既是主观感受又是客观心理反应，具有目的性，也是一种情感表达。情绪是多元的、复杂的综合事件，情绪表达更为复杂。情绪涉及身体的变化，这些变化是情绪的表达方式，而表达情绪也分为这五个层次。

情绪的表达也涉及了认知的部分，涉及对外界的反应和对外界事物的评价。由于情感和情绪表达极易混淆，比如爱情的满足感总是伴随着快乐，亲情的满足感总是伴随着幸福，所以从表达情绪的层次中加以区分更容易理解。

为什么有很多人无法控制情绪？原因很简单，没有运用层次理论去深入地剖析表达情绪的深层次原因。有因才有果，不管出现何种情绪，我们只有静下心来分析自己的情绪表达到了何种层次，才能合理地排解负面情绪。

大胆表达正面情绪，合理表达负面情绪

有一位王先生，他不是名牌大学毕业，也没有强大的身世背景，更没有异于常人的智商或者能力，但他却在一家国内知名企业中担任着举足轻重的职位。有时老板冲他发脾气时，他不但不会生气，等老板发泄完还会给老板讲笑话来逗老板开心。当下属工作做得不好惹他生气的时候，他也尽量控制自己的情绪，能不发火就不发火，能鼓励就鼓励。所以他在工作中人缘很好，群众关系很好，上下级关系很好，干什么事情都像有神相助一样，做什么都很顺利。

生活中这样的人有很多，他们的智商可能不是很高，但他们却拥有很高的情商，他们会合理地表达负面情绪，大胆地表达正面情绪。因为每个人都喜欢和脾气好的人合作，所以这些人无论干什么，无论在哪个行业，都很受大家欢迎。成功的人往往都是会正确表达情绪的人。大胆地表达正面情绪，合理地表达负面情绪对事业和生活来说极其重要。

人的情绪分为两大类，一类是正向的情绪，或者叫积极的情绪；一类是负面的情绪，或者叫消极的情绪。正向的情绪如快乐、喜悦、惊喜、自信、欣赏等。与负面情绪相反，正面情绪有益于工作和生活，所以要在生活中多修炼自己，凡事往好处想，大胆地表达正面情绪。

心理学上把焦虑、紧张、愤怒、沮丧、悲伤、痛苦等情绪统称为负面情绪，人们之所以这样称呼这些情绪，是因为此类情绪体验是不积极的，身体也会有不适感，甚至影响工作和生活的顺利进行，进而有可能让身心遭到伤害。

在日常生活中，我们常常会遇到一些不如意的事情，这些不如意的事情在不知不觉中影响着我们，会产生大量负面情绪扰乱我们的心境，使我们的脾气变得暴躁，从而引发对身体的二次伤害。还有一种有害的生活习惯就是我们不断地拿自己的生活或者自身，去跟他人的生活和他人进行比较。你会不断地比较车子、房子、工作、鞋子、金钱、社会关系和名誉声望等，因此当一天结束的时候，这些比较会给你的内心创造很多的消极情绪。另外，恐怕这也会对你的生活产生许多的消极影响。而这些负面情绪出现的根源就是人不懂得管理自己的情绪。学会大胆地表达自己的积极情绪，合理地表达自己的消极情绪非常必要。

» 清楚自己的情绪状态

合理地表达自己的情绪，首要前提就是清楚自己的情绪所处的状态，根本要素就是拥有良好的自我察觉能力。随时自我检查，发现情绪处于何种状态是非常必要的。没有自我察觉的能力，亦不可能学会正确地表达负面情绪。

只有拥有能够意识到自己情绪的能力，才可能正确地表达自己的情绪。一味地压抑自己的情绪也是错误的做法，当清楚自己的情绪状态时，找出引起情绪波动的原因，运用合理的方式疏解情绪，这对合理表达情绪有很大帮助。

» 合理地借助其他人

觉察出自己很开心的时候，就大胆地将自己身体里的正能量传递出去，让周围的人也跟随你一起快乐。当我们被负面情绪充斥的时候，内心会十分痛苦，也需要借助他人来帮我们排解这种痛苦。我们不妨先压制自己的负面情绪，然后以寻求帮助的方式与他人交流。正常情况下，人是乐于帮助他人的。通过这种交流，负面情绪会渐渐地烟消云散。试想一下，你全身充斥着负面情绪，第一时间找到最贴心的朋友，以请求的语气对他说："我需要你的帮助，我被负面情绪困扰，就快忍受不住了，你愿意帮我从负面情绪中走出来吗？"我想你的朋友肯定会对你说："遇到了什么事情让你这么痛苦，可以和我说下让你痛苦的事吗？让我们一起分析原因，然后找找方法来帮你走出负面情绪的阴影。"这样一来，即使你现在充满了负能量，也会因为朋友的帮助而逐渐摆脱出来。

» 改变以主观认知为主的理解方式

情绪 ABC 理论认为，激发事件只是引发情绪和行为后果的间接原因，而引发情绪的主要原因是个体对激发事件的主观认知和评价，即人的消极情绪和行为障碍。情绪不是由于某一激发事件直接引起的，而是由于经受这一事件的个体对事件不正确的认知和评价所产生的错误观念引起的。所以在面对任何一种激发事件时，都应该抛弃内心消极的理解方式，大胆地用积极的想法去理解事情。

　　大胆地表达正面情绪，合理地表达负面情绪，可以说是人生的一堂必修课。如果学好这门课的话，我们面对事业和生活中那些突发事件时就会显得游刃有余。不要做情绪的奴隶，要学着控制自己的情绪，战胜自己的情绪，用积极的情绪应对一切。

选择适当的方式表达不满

你发现有位同事在办公室里散播有关你的不实信息，惊讶不已的你除了诧异信息的内容之离奇，还感觉难受极了，此时，你会告诉对方你的不满以及你的其他感受吗？如果这个对象换成了你的上司、老板，你的决定是否会有所不同？

影响个人竞争力的，不仅仅有工作上的个人能力，更有情绪能力。相信久经沙场的你早已察觉到了，"气在我心口难开"的状况，在工作场合中其实屡见不鲜。那么，在工作中，你是否应该表达自己的情绪呢？

有些人并不认可"表达不满"这一说法，在他们看来，工作只是为了达成目标，而不是来做情绪交流的，因此，优秀的工作者当然不应该将内心的情绪表露出来。唯有将情绪完全抛在一边，才能够理智地完成任务。更何况，若是表达了某些如沮丧、生气一类的负面情绪，不仅会伤害到自己与他人的关系，更会让自己显得脆弱不堪，反而会造成更大的麻烦。

的确，这些考虑都很有道理：不当的情绪表达往往后患无穷。然而，不管是一般工作还是管理工作，其实都是在不断地解决问题；要解决问题，首先要解决心情，因此，职场上的优秀者并不是不带情绪的木头人，而是善用情绪去达成目标的聪明人。

另一方面，一味地压抑负面情绪不仅对健康无益，还会因为耗费了过多的心力在掩饰自我真实感受上，而损害正常的工作表现。在这个讲求团队精神的年代里，表达情绪可以增加"自我表露"的能力，进而促进人与人相互了解，在培养起相知相惜的团队凝聚力后，工作效率自然也会相对提升。

再者，情绪表达并不等于情绪宣泄，那种把心中的情绪、感觉一股脑儿地宣泄出来的做法无疑是愚蠢的。恰当的表达其实是一个细致而理智的过程，它与粗糙的情绪宣泄大相径庭。不过，想要获得恰当的情绪表达能力，你需要从了解自我情绪做起。

第一，你需要了解自己当下的情绪，将心中那份模糊但又澎湃的能量转化成具体的感觉：究竟我的"难受"是生气、失望、伤心还是压力大？

有时候，你会发现，认知自我情绪有一定的困难，这是源于我们对情绪的区分仅为较笼统的喜怒哀惧，而没有更多贴切的描述性词语，因此，你需要学习更加广泛的情绪词汇，让你的情绪"立体现形"。

你需要不断地体验、不断地修正，使自己越来越了解与贴近自我情绪。待认清自己的情绪以后，你可以做进一步的分析："我为什么有如此的感觉？""发生了什么事造成我现在的感觉？"然后决定是否应该向对方表明。

第二，在决定向对方说明以前，你需要谨慎地思考，眼下自己的情绪是否适合表达不满。在这个步骤中，你需要考虑的因素包括：

» 对方的特质

他的个性是否能够接受你的不满？对于非常固执、极度自信的人显然不适合向他们直白地表明你的不满。他目前处在怎样的压力状况下？一个压力大到快要崩溃的同事是绝对不会愿意听到任何对他有"不满"嫌疑的对话的。是否适合在这个时间点去沟通？大庭广众之下，你跑去向他人表达不满，明显不恰当。对方的角色是否适合接受你的情绪表达？举例来说，若对方是客户，你跑去进行愤怒的告白，恐怕只会让人贻笑大方。

» 你想要达成的目标

想想看，在开口表达情绪以后，你希望可以达到什么样的目的呢？是希望对方可以更尊重、更负责尽职，还是只是因为有不吐不快的情绪在，并因此而想要教训对方？

» 达成目标的可能性

知悉自己期望达成的是什么以后，请衡量一下状况：想一下，真情告白是否是最有效达成目标的方法？是否有其他更有效率的做法（比如，透过第三者，或者等到更合适的时机再说）？如果发觉自己只是单纯地想要宣泄不满情绪的话，那么，最好别向对方开口，找个好友诉苦是最好的做法。

如果在考虑以后决定要告诉对方你的感觉，那么，接下来就应该思索最佳的表达方式。先考虑"效率"因素：沟通时，应该选哪个途径，是电子邮件、电话还是面对面地交谈？什么时间点最好，是上班时还是下班后？

第三，到了真正要表达不满的时候，你需要明确以下几个要点：

» 选择运用精确的情绪形容词

比如，你说"我感觉很糟糕"，"糟糕"就不是一个明确的情绪形容词，但是，若改为"我为此感到失望""这真的很让我生气"，就能够更精确地使人意识到你的情绪变化了。

» 说明原因

千万别忘记要明确说明导致这种情绪的缘由，以此来促进对方了解你的情绪与他之间的因果关联，并要尽量避免被认为是在无的放矢。比如，"我很生气你竟然这样对我！"这种表达方式的因果关系就不够清楚，但是，若换成"我发现你与别人说了有关我的不实信息，这让我感到很生气"，如此表达，沟通起来就会更清楚。

» 局限情绪的时间点

你应该了解的是，情绪状态是会改变的，并会局限于受某个情绪影响的时间面。所以，"我很愤怒你竟然乱说话"这种说法，就忽略了点明时间点，而"当我发现你告诉别人有关我的不实信息时，我当时感觉很生气"，就聪明地限制了时间点。

» 为自己的情绪负起责任

沟通高手从来不会说"你让我生气"一类的话语，因为这样说是在推卸责任，将对方当成是自己情绪问题的症结。这样说既不能解决问题，又很容易引起对方的反感或造成压力，进而导致更大的冲突。最恰当的说法，是将自己当成情绪的主语："我感觉很生气""我有种沮丧的感觉"。

» 绝不进行评论式的人身攻击

哪怕对方真的说了你的不实信息，"你恶意中伤我"这种评价也会激起对方的反抗，因此，你应该只进行中性的行为描述："你告诉了同事一些有关于我的不实信息。"如此一来，既可清楚地表达自己，又可避免激怒对方，进而圆满地达成此次情绪表达的最终目的。

学会了优雅的情绪告白，你会发现，其实不满情绪没有那么可怕，它将不再是你工作上的难题。

表达愤怒以不伤害自己和他人为原则

听到另一部门的张经理又一次将过错推卸到自己的部门后，刘清立即在心里大骂起来："这个无耻的家伙！明明是他们部门把事情搞砸了，现在又恶人先告状！"

她原本想当着总裁的面将对方的过错一一数来，但她素来不懂如何发怒，因此一张嘴，话语就变了："你这样不太合适吧？张经理，其实我们不应该把目光放在过去的错误上，而是应该放在未来的合作上。"

"别说了！"总裁的不满声传来。刘清清楚地看到张经理的眼中满是胜利的喜悦。

大部分人在有了怒火以后，都在想着如何将怒火压制下来，却极少有人提如何表达愤怒。当然，"以其人之道还治其人之身"只会一时痛快，单纯地表达愤怒无疑是饮鸩止渴。而有些人之所以这样做，是因为他们将愤怒当成了心理分析的终点：愤怒就愤怒了，发泄就发泄了，伤害就伤害了，却未曾意识到，这样根本无法触及核心问题。

愤怒被心理学家们视为一种次级感受，它与悲伤、羞耻处于同一等级。用通俗的话来说，愤怒并非核心感受：当你的期望受挫时，如期望得到尊重却受到侮辱时，希望被肯定却遭遇贬低时，在这些情况下，你的原始感受受到了伤害，进而产生了悲伤、焦虑等情感。

对于大多数人而言，感受与承认这种悲伤并不容易，更不安全，因为这往往意味着你承认了自己的脆弱，甚至还会引发一些自身的焦虑："我真没有用，竟然让对方这样伤害我。"甚至还有可能因此而自责："我怎么可以因为这个而生气呢？"

这样的知觉本身还有另一层含义：若与他人分享了这种脆弱、委屈，他人是会同情、认可我，还是会离我而去？此时，愤怒作为一种防御姿态，由自己指向了他人，保护了我们的脆弱与委屈，同时也阻止了他人进入我们的内心。

那些不懂得表达愤怒、采取一贯温和的态度的人有着自己的一套逻辑："我都已经这样忍让了，对方应该会适可而止。"这样的逻辑本身又包含了一种期望："我希望他人会理解我。"但当他人未能表达这种理解时，自我期望会再次受挫。

若你认为是自己的忍让换来对方的变本加厉，那么，不合理的想法自然会萌生："一定是我太过温和，温和到他们都会这样无理地对我。"而这种想法最不合理的地方就在于，你将"理解自己"当成了"别人的事情"。

不仅如此，很多时候，个人思绪发展到这一步时，很多人还会怀疑自己的这套温和行为模式是否正确，而采取的策略就是经常性地表达愤怒，而周围人的避让会让此类人的地位得到无形的提高，让他们获得心理优势，从而补偿了他们的悲伤，避免了他们的恐惧。

知觉到这一层面非常关键，因此，单纯地表达愤怒并没有用，你还需要更有力的方法来辅助你。

» 停下来，呼吸

当你愤怒的时候，停下来，除了呼吸，什么都不要做，你应竭尽全力避免采取行动去指责或者惩罚对方。此时，静静地体会自己的感情是最好的做法。接着想一想，到底是什么使你生气了。

» 张开嘴，说出来

为了充分地表达自己，现在，你需要张开嘴，说出你自己的愤怒。单纯的怒火此时已经通过你的思考，被转变成了需要以及与需要相联系的情感，不过，表达此时的感受或许需要很大的勇气。

对你而言，在生气的时候冲着其他人大声嚷嚷"你们这是赤裸裸的排斥"很容易，事实上，你甚至还会因为自己这样做了而感觉到高兴。但是，倾听自己内心真实的感受与需求时却极有可能引发不安。

» 先尝试着去倾听他人

在大多数情况下，表达自己之前，你需要先倾听他人。如果对方还处于某种情绪中的话，他们就很难静下心来体会你的需要与感受。一旦你用心倾听他们，并表达你的理解，在得到倾听与理解以后，他们一般也会开始留意你的感受与需要。

需要注意的是，哪怕听到了离奇的、对你极度不公平的看法，你也不应该指责对方——指责是一件很容易的事情，但当对方感觉自己受到了指责时，哪怕他意识到自己的行为应该受到指责，他也不会轻易地承认，甚至有可能会因为自己所受到的指责而陷入极端的愤怒之中。到那时，便不是你表达愤怒，而是他在发泄不满与怒火了。

因此，一旦你注意到他人认为自己受到了指责，或者在对话中发现对方在责备自己，你就要暂时停下来，并尝试着去理解他所经历的痛苦。

» 表达你愤怒背后隐藏的委屈

听懂了他人的理由以后，你就可以表达自己的愤怒了。不过，你不能单纯地表达自己的愤怒，而是要在表达愤怒的同时，更坚定地表达愤怒背后隐藏着的委屈和焦虑本身，因为表达这些内容的本身，就是一个让他人了解你的底线的过程。

值得注意的是，这一过程中，你最好指向自己："我需要融入这个团体，因为我认为我们同属一个组织，眼下又为了同一项任务一起努力着，我想，这是一种完成任务的必备前提条件。"

最愚蠢的行为是把矛盾指向他人："你应该让我融入你们的团队！这是完成任务必需的前提。"这不仅会将矛盾扩大化，加剧对方的不满情绪，同时也是在对他人做出价值判断。

此外，比这更重要的是，你应该建立起一种合理的信念："让他人理解自己，这是我自己的责任与义务。"同时也要养成一种合理的期望："即使我表达了自己，他人也并不一定会理解我。"当你怀有这样的合理信念与合理期望，并准备好了时时刻刻接纳自己以后，你会发现，表达愤怒其实并不难。

表达情绪时要避免"情绪化"

很多时候，不尽如人意的结果不是你的能力或智慧不足所导致的，而是你没有控制住自己的情绪。因为控制好了情绪做事才能游刃有余，才能扫清成功之路上的障碍。

北京时间 2006 年 7 月 10 日凌晨，世界杯决赛在德国柏林世界杯球场进行，法国与意大利向冠军发起最后的冲刺。比赛开始第 6 分钟，马卢卡为法国队创造了一个宝贵的点球，齐达内以一记巧妙的"勺子"命中球门，将比分改写为 1：0。第 18 分钟，意大利"罪人"马特拉齐头球扳平比分。

在加时赛下半时第 3 分钟时场上忽然出现混乱，齐达内失去冷静，在无球的情况下一头顶在马特拉齐的胸口上，后者顺势倒地，这也使得比赛中断。冲突前，不知马特拉齐对齐达内说了些什么，激怒了这位足球艺术大师。主裁判与助理裁判简单交流之后，出示红牌将齐达内罚出场外，足球艺术大师以这种遗憾的方式告别最后的演出。

齐达内在为球迷带来精彩表演的同时，也暴露了他脾气暴躁的一面。1998 年世界杯时，齐达内就曾踩踏沙特球员，后又因为在冠军杯比赛中用头恶意顶撞对手被禁赛5场，而这些仅仅是齐达内鲁莽行为中的两例而已。

足球场上的言语挑衅司空见惯，齐达内应该用头把球送进意大利的球门，而不是撞向对方的身体。在世界杯决赛中，齐达内因头脑发热而屡屡做出让人匪夷所思的举动。他是在为国家而战，不应为这种无聊的言语放弃国家的荣誉，以这种遗憾的方式告别最后的演出，也让本来占据优势的法国队陷入少一人的被动局面，最终痛失世界冠军的奖杯。

由此可见，成功的最大的敌人其实并不是任何外部的条件或是没有机会，而是缺乏对自己情绪的控制能力。愤怒时，不能制怒，使身边的家人朋友望而却步，无法进一步与你沟通；消沉时，放纵自己的萎靡，把许多稍纵即逝的机会白白浪费。

成就大业的人，都遵循着一个千古永恒的秘诀：弱者任思绪控制行为，强者让行为控制思绪。想要在生活中更幸福、在工作上更顺心、在事业上更如意，首先要做一个能够掌控自我情绪的人，从而在理性思维的指导下明是非、知进退，甚至把坏事变成好事。

» 要承认自己情绪的弱点

生活中，每个人都有他的优点和弱点，长处和短处，但不一定都能认识到自己的弱点或是短处。在情绪世界中也是一样，为此我们一定要认识自己情绪世界中的弱点和短处，不要回避或视而不见。有的人容易暴躁，而且一暴躁就控制不住自己。怎么办？首先要承认自己有这个毛病，在此基础上再认真分析自己容易暴躁的原因是什么，在什么情况下容易激动，然后选择一些方法去克服它。这样做的好处是：可以随时随地提醒自己去克服这个情绪上的弱点。

» 放松自己的心情

当发觉自己的情绪激动起来时，为了避免立即爆发，可以有意识地转移话题或做点儿别的事情来分散自己的注意力，把思想感情转移到其他活动上，使紧张的情绪松弛下来。这样不仅能放松情绪，还能让你做事更加理性，从而更容易获得成功。

» 要学会正确评价身边的人和事

对待社会上存在的各种矛盾，人们之所以有很多情绪化的行为，是因为不会正确认识、处理人与人之间的矛盾。所以，学会全面观察问题，从多个角度进行多方面的观察，并能深入到现实中去就显得更加重要和有意义。这样能使自己发现原来发现不了的意义和价值，使自己乐观一点，还会增加我们克服困难的勇气，增加自己的希望、信心，即使遇到严重挫折也不会气馁，不会打退堂鼓。

凡事多一些理性思考，少一些任性姿态，你就能把不良情绪这个魔鬼关在牢笼里，战胜那些企图摧毁你的力量。总之，领悟了情绪变化的奥秘，对于自己千变万化的个性，你就不会再听之任之。做人不情绪化，做事才能按部就班、顺顺利利，这样才能掌握自己的命运，成就辉煌的事业。

情绪表达将会影响你的整个人生

情商高的人由于能够清醒地了解、把握自我情绪上的变化，同时敏锐感受并有效地反馈他人情绪上的变化，因此，他们在生活中的各个方面都占据了优势。这种优势直接决定了这部分人可以充分地发挥他们自身所拥有的多项能力，包括他们的天赋。

这种出色往往表现在他们的自知、自控、正确表达自我、社交技巧等各个方面。从这一意义上来说，情商的高低左右着我们的人生走向。而个人情绪表达又是整个情商能力的基础，因此，我们可以下这样的结论：情绪表达将影响我们的整个人生。

一般情况下，就算再熟悉的亲友，也无法彻底地了解我们内心的感受——他人更多的是借着我们的行为表现来预测我们的内心感受。但是，这种基于往日情绪状况上的认知很有可能是错误的：个人行为表现的有限会导致他人错误认识我们真正的情绪，而在这种情况下误解必然会发生。

在家人与朋友看来，不管李青感觉生气还是沮丧，抑或是满意、平静，她的举动看起来都是一样的：她将自己关在小屋子里，不停地敲打着电脑键盘，"与电脑交流"成了她隔离外界干涉自我的最佳方式。

这种情况下，家人与朋友只能推测她的情绪。因为过分的关心，他们习惯于做最坏的假设：让她独自一人，并期望她能熬过可怕的情绪发泄期，结果，他们逐渐地习惯了没有她的生活。

相比之下，佳佳的表现则是哭泣：不管是伤心、疲劳还是焦虑，只要负面情绪出现，她都会以哭泣来发泄。虽然所有人都能注意到她的反应，但是，除了叹气他们也不想多管什么，"反正她总是这样，一会儿就好了"。就这样，佳佳被冠以"脆弱"之名，且不管是朋友出行还是团队合作，大家都不愿意与她同行——所有人都害怕她突如其来的眼泪。

相信每一个人都曾有过这样的经历：我们愤怒、不安，希望他人理解自己却不得其道时，往往会以笨拙、有害的方法来错误地表达情绪。正确地表达情绪，你的人生将会获得巨大的改变：你不仅将获得更好的沟通结果、更高的沟通效率，同时也能够增进个人与他人快乐的人生体验——这种体验将会让他人变得更乐于而不是畏惧与你交流。

在中华文化中，不良情绪往往被冠以"恶名"，比如嫉妒、发怒、焦虑，因此，我们习惯于回避真实的情绪表达。事实上，情绪多半是对我们正在进行中的事情进行的反馈，它与我们真实的自己并不符合。比如，"感觉不高兴"与"表现不高兴"在很多情况下是两件完全不同的事情：你可能当下以不高兴的方式来回应了同事，但事实上，你只是忙着处理必须马上上交的工作，可在你的同事看来，你就是在对他表达不满或是不高兴。

一旦情绪成了反映你当下状况的方式，你会发现，它们真实地影响着你的人生。

情绪未表达、未正确表达，都会导致以下问题：

» 你无法向周围的人传递你内心的想法

短时间内的情绪被遏制、无法表达，可能不会产生大的影响，但是，长时间无法正确地表现自我情绪，便会使个体陷入失控的危险之中：许多人未能将他们焦虑、烦躁与不安的情绪表达出来，负面情绪不但没有被驱散，反而不断地累积，直到最后全面爆发。

» 你剥夺了自己达成期望的机会

当一些你不喜欢但他人又无法觉察的小事重复地进行时，你会感觉到厌倦、烦躁不安。比如，朋友一直向你借钱，但本就资金紧张的你又没有拒绝的习惯，只得迫于"好人"名号的压力外借——这让他人误以为，你是乐于借出钱的，但在你心里，这种"被迫借钱"的烦躁会逐渐增强，最终造成你情绪上的崩溃。你甚至有可能对从未借过你钱的朋友甚至是单纯要求你帮助的同事大发雷霆。

相同的情况很容易导致愤怒。当你想要获得某些正常的权利，比如，影响、尊敬、独处甚至是短暂的休息，却没有表达出自己的情绪时，结果自然会让你不满。因为他人根本不知道你在想什么，所以他们无法做到你想要他们做的事情，而你也会逐渐地在内心累积愤怒的情绪，直至最终爆发。

» 造成健康受损

不懂表达会让我们的心理与身理皆承受巨大的压力，进而导致疾病，这一点已经被心理学所证实。不善表达、不懂表达的人，罹患心理疾病、心脑血管疾病的概率将会大大高于普通人群。

» 造成个人形象模糊

如果他人对你的感受没有概念，那么，他们就无法知道你的个性，所以，心理学将情绪表达视为个体个性判断的一个重要部分。当你锁住了个性以后，便等于拒绝了你的家人、朋友、同事去认识真正的你。

所以，我们有充分的理由相信，情绪表达会影响我们的整个人生，同时，我们也有充分的理由去尽可能根据场景的不同，来正确地表达自我情绪。

Part4

情绪管理：
提升情商，做情绪的主人

　　情绪是人们对环境的一种反应。在为人处世的过程中，如果不能很好地管理自己的情绪，必然会让自己四处碰壁、寸步难行。每个人都需要进行情绪管理，在了解情绪的基础上提升情商，做情绪的主人。一旦你能灵活自如地消除不良情绪，那么你必然会拥有健康的身心，能保持最佳的状态，与身边的人和谐相处，离成功、幸福越来越近。

好情绪源于自我管理

一个懂得自我管理的人在受到挫折时不会垂头丧气，在成功时不会趾高气扬，在冲动时不会横冲直撞。为什么自我管理有如此神奇的魅力？因为良好的自我管理能培养出好的情绪，而好情绪又可以帮助自己管理好行为，由此形成一个良性循环，不断地促进自身的进步和成长。

弗兰克是一个工作能力很强的人，但是从小就有一个坏毛病，遇到不顺心的事就喜欢摔东西。

一次，弗兰克拿着自己辛辛苦苦弄好的策划书去给客户看，结果客户不但不满意，还挑了一大堆毛病。弗兰克回来以后生气地把策划书往桌上一摔，然后又拿起别的东西重重地摔了几下，弄得整个办公室的人都看着他。

第二天，弗兰克就收到了一封解雇信。当弗兰克生气地问老板怎么回事时，老板说："我不能让一个连自己情绪都管理不好的人来接触我的客户。"

每个人都会遇到一些不顺心的事，能否合理地发泄、管理这些坏情绪直接反映出一个人的素质高低。弗兰克面对坏情绪，选择了一种极不恰当的方式来发泄，这体现出他不但不善于管理情绪，而且还放任情绪肆意破坏事情的发展的性格。

与之相反，一个人如果能管理好自己的情绪，就能得到更多的人的相助和机遇的青睐，获得更多成功的机会。

艾达是一个化妆品售货员，有一天她遇到一位非常挑剔的女士，艾达已经为她推荐了好几款化妆品了，但是她不是嫌太贵，就是觉得不够好，最后她竟然开始责备艾达："小姐，作为一个售货员，你太不专业了，不能为顾客挑选到合适的东西，这是你严重的过失。"

大家心里都为艾达抱不平，以为艾达一定会狠狠地骂一顿这个不讲理的顾客。但是艾达居然还是微笑着对这位女士说："真的对不起，没有为你挑选到合适的产品，不如你再把要求详细说一说，我多为您推荐一些好吗？"

几天以后，艾达被升为这个化妆品的部门经理，原来那天那个难缠的女士是这个化妆品品牌的总经理。当总经理问艾达为什么不生气时，艾达说："我当时真的很生气，但是争吵并不是发泄我坏情绪的最好办法，所以我要管好它，不让它跑出来影响我的工作。"

其实每个人都会有一些坏情绪，这是正常的。一个心理健康的人不会否认自己情绪的存在，而是选择合适的时间、地点来发泄自己的负面情绪，尽量把这些糟糕的情绪可能带来的坏影响降到最低，这就是自我管理对情绪的重要性。

我们要成为情绪的主人，善用情绪的价值和功能，而不是让情绪左右我们的思想和行为，成为它的奴隶。那么，如何进行自我管理呢？我们可以从以下几个问题中寻找答案：

» 我被什么情绪包围着？

自我管理的第一步就是要能清楚地认识我们的情绪，并且接纳我们的情绪。情绪是我们真实的感受，只有我们清楚认识了我们的感受，才有机会掌握它们。不同的情绪会有不同的表现，所以不同的情绪也需要不同的办法去管理，只有明确地知道它是什么，才能想出办法来应对，所谓知己知彼，才能百战百胜。

» 我为什么会有这种情绪？

"我为什么生气，为什么难过，为什么失落？"太多的为什么会蒙蔽我们的眼睛，找出根源才能知道我们现在的反应是不是过度或者正常，找出病因才能对症下药。

» 面对这些坏情绪我该怎么办？

想想看，做什么事情的时候你会忘记你的坏心情？也许是运动、独处、听音乐、到郊外走走、大哭一场、倾诉……不论是什么方式，只要是能改善你心情的办法都是好办法。

一个懂得自我管理的人，会消除不良情绪，延续积极情绪，从而使自己保持好心态。心态好，遇到任何事情都能乐观面对，自然天天都有一份好心情。有了这样的情绪状态，难事不难，一切都尽在掌握中。

正确排解愤怒的情绪

英国著名的生理学家约翰·亨特是一个脾气极其暴躁的人，由于长期处于愤怒状态中，他的身体频出状况。约翰·亨特曾经笑称："如果谁想杀死我，只需要激怒我就可以了。"

一次，因为家中鸡毛蒜皮的一点小事，约翰·亨特和妻子大吵起来。就是因为这次愤怒的争吵，让约翰·亨特发现他的心脏出现了问题。经医生诊断，他患上了严重的心脏病。在这之后，妻子与他相处都十分小心，生怕哪句话或者哪个动作激怒了他。

可是在不久后的一个学术交流会上，约翰·亨特与一位教授的观点产生了分歧，这让他怒不可遏，拍案而起。随着辩论的升级，约翰·亨特当场倒地昏迷，最终因抢救无效死亡。约翰·亨特最终的结局验证了他那句玩笑话，正是愤怒让他走上了死亡之路。

暴脾气的约翰·亨特当然是个特例，有研究表明，最后失去控制、大发雷霆的人，通常都经历了连续的情绪累积过程。每一个拒绝、侮辱或无礼的举止，都会给人留下激发愤怒的残留物。这些残留物不断积淀，会导致急躁状态不断上升，直到"最后一根稻草"到来，个人对情绪的控制完全丧失，出现勃然大怒的情况为止。在这个过程中，除非内心控制的大门快速地被关上，否则，这种狂怒极易造成暴力和伤害。

心理学认为，生气是一种不良情绪，是消极的心境，它会使人闷闷不乐，低沉阴郁，进而阻碍情感交流，导致内疚与沮丧。相关医学资料表明，愤怒会导致高血压、胃溃疡、失眠等疾病。据统计，情绪低落、容易生气的人，患癌症和神经衰弱的可能性要比一般人大得多。同病毒一样，愤怒是人的一种心理病毒，会使人重病缠身，一蹶不振。

发怒源于内心的愤怒，一个心智健全的人绝不会无缘无故地发怒，总有原因和针对性。这个原因在易怒者眼中是不可忍受的导火索，但在另一些人看来，则会被认为不必或不屑为之动气。富兰克林曾说过："任何人生气都是有理由的，但很少有令人信服的理由。"

一般来说，愤怒基于责备。一旦陷入责备的对抗中，愤怒就会接踵而至，就像黑夜紧随白天那样自然。为了避免陷入这一困境中，唯一可行的办法是为它找到一条可行的出路，而这一出路只有运用情绪管理才能实现。

» 懂得预留冷静时间

通常愤怒的持续时间为 12 秒钟。不过，这短短的 12 秒就如同一场巨大的灾难，爆发时会瞬间摧毁一切。所以，为自己预留冷静时间，平安度过这 12 秒钟是控制愤怒情绪的关键。当你意识到激烈情绪正在酝酿时，马上做 3~5 次深呼吸，然后在心中默念 1~10 个数字。当你做完之后就会发现，愤怒情绪已经有所降低，自己也不像刚才那么生气了。

» 学会幽默

生活和工作中，我们听到幽默的话语或者遇到幽默的事件，都会开怀大笑，心情瞬间变得放松愉悦。多注意培养自己的幽默情绪，将注意力转移至观察周围快乐的事物上，便能有效地克制愤怒。幽默如同人生的调味品，当这种味道偏"浓"后，生气的时间自然就减少了。

» 用理智控制愤怒

发怒是个人失去理智的控制权所致，那么，如何才能较好地控制住愤怒这种负面情绪呢？心理学家曾经做过这样一个试验，特意将写有"息怒"或"制怒"的警示词语贴在人们一眼就能看到的地方。当人们情绪受到强烈刺激的时候，看到警示牌人们便会冷静下来。

《圣经》中的箴言告诉人们：不轻易发怒的人，大有智慧；性情暴躁的人，大显愚妄。如果你不想做一个用钉子伤害别人的傻瓜，那么就请控制好自己的坏脾气吧！

善待每一个挫折

哈佛医学家曾对 65 ～ 75 岁老人进行的一项调查表明：心力强盛的人比心力交瘁的人平均多活 4.8 岁。所谓"心力强"，主要表现在三个方面：一是为完成某项事业而活，即使已老却仍忘年地工作，不知疲倦，总觉得自己年轻；二是为完成某种责任而活，或为后代求学，或为老伴有依靠等，总觉得自己应该努力地去工作，积攒财富，干什么都觉得有滋味；三是以平静的心态对待疾病，或曰"心理抗争力"强，这种人病后容易康复。这最后一条"心理抗争力"，其实就是抗挫折力。

挫折会给人的身体和心灵造成一定的打击，甚至会给人带来无尽的痛苦，然而挫折又是一种挑战和考验，正如英国哲学家培根所说："超越自然的奇迹多是在对逆境的征服中出现的。"只要我们以积极的心态去面对挫折，挫折便会产生积极的意义，它可以帮助人们驱走惰性，催人奋进。

贝多芬是伟大的音乐家，他创作出了许多脍炙人口的作品，这种成就的获得却并非一帆风顺，而是充满了艰辛。但是正是由于贝多芬笑对种种苦难，才最终成就了自己辉煌的人生。

贝多芬的父亲是一位宫廷男高音歌手，在他的教导下，贝多芬从4岁起就学习弹钢琴，并对长笛、小提琴、中提琴等进行了广泛了解。17岁时，母亲去世，父亲终日饮酒，于是家庭的重担落到了贝多芬的肩上。后来，他到各地学习知识，接受系统的音乐教育，逐渐发展起自己的事业。

然而不幸和打击却意外地接踵而来。27岁那年，贝多芬患了耳聋症，并且病情日益恶化，这严重威胁到贝多芬的音乐生涯。到了中年，贝多芬的耳朵已完全丧失了基本的听力，但是，耳聋之后，他立下誓言："我将扼住命运的咽喉，它绝不能使我完全屈服。"

正是这种坚如磐石的意志，使他登上了艺术殿堂的高阶。在漫长的时间里，贝多芬没有放弃自己的音乐理想，他不停地耕耘，先后创作出《月光奏鸣曲》《第二交响乐》《克莱策奏鸣曲》《第三交响乐》《曙光奏鸣曲》《热情奏鸣曲》等作品，为自己赢得了"交响乐之王"的称号。

"天才是百分之一的灵感，加上百分之九十九的汗水。"这是爱迪生留给我们的颇有见地的名言。想要获得自己期望的幸福、成功、快乐，我们必须付出自己的努力，特别是在遭遇挫折时，更不能轻易放弃。

世事常变化，人生多艰辛，我们对人生的发展要有清醒的认知，不可奢望一劳永逸的结果。古往今来，凡是拥有大志、成就大事的人，都曾饱经磨难、备尝艰辛。

既然苦难和挑战不可避免，我们就要学会不在逆境中沉沦，笑对逆境，奋起抗争。遭遇挫折的时候，应该懂得从如下两个方面努力：

» 在挫折中磨砺自己

生活中的挫折和磨难，并不都是坏事。平静、安逸、舒适的生活，使人安于现状，贪于享乐。挫折和磨难，使人变得坚强起来。痛苦和磨难扩大我们对生活的认知范围，加深认知深度，使自己更加成熟，帮助我们认识人际关系的复杂性，让我们总结经验，改进自己，使我们在如何调整和处理人际关系上学到更多的东西。

成就事业的过程往往也就是战胜挫折的过程。强者之所以为强者，在于他们遇到挫折时善于克服自己的消沉和软弱。挫折的积极作用，就是激发人的进取心，磨炼人的性格和意志，增强人的创造力和智慧，使人更清醒、更深刻地认识问题，从而增长知识和才干。

» 快速突出重围

身陷逆境的时候要善于从中寻找逆境出现的原因，以及解决问题的方法和途径。无论是主观上的过错，还是客观条件的改变，都会给我们带来麻烦。最重要的问题是主动解决问题，这样就能避免过分抱怨，从而获得突破。

一个人克服一点困难也许并不难，难的是能够持之以恒地坚强下去。因此，任何人想干成一件大事，首先要经受心理的极限挑战。失败的人之所以不成功，是因为他们无法克服挫折带来的失败体验，这种感受折磨着他们的身心，直到他们倒下去，彻底绝望为止。所以，成功的要义首先是战胜挫折情绪。

　　生命不过匆匆几十载，活着就要有活着的意义，即使我们通过努力也实现不了我们的梦想，那么永不言弃也是一种成功。在现实生活中，许多人对失败定论得太早，遇到一点点挫折就对自己的工作产生了怀疑，于是半途而废，致使前面的努力全部白费，功亏一篑。所以，唯有经得起风雨考验，面对困难毫不动摇的人才是最后的胜利者。

用适合自己的方法缓解忧郁

人的忧郁就像不停滴下的水，通常会使人心神丧失。面对时刻都在变幻的世界，许多人都有一种无力感，有太多让我们忧虑的事情，而这种无止境的忧虑会慢慢变成忧郁，把我们逼到死角。

诺贝尔医学奖得主亚历克西斯·卡雷尔博士说："不知道抗拒忧虑的人都会短命而死。"这点在医院里就可看得出来，世界各地的高血压、心脏病、胃病、心理疾病等病患数量呈不断上升的趋势，这些病症多半都和人自身的情绪、压力相关。也许你也像大家一样，或多或少有这方面的问题，现在你需要了解它的根源，而它的根源就是"头脑"。

尼古拉斯经常与人发生激烈争吵，有时候他被朋友劝阻了，但是仍然气愤难平，这种糟糕的坏情绪总是会延续到第二天，最后发泄到家人身上。久而久之，大家都不太喜欢和尼古拉斯有过多的接触，尼古拉斯的人缘也越来越差。

后来，大家发现尼古拉斯变了，他脾气似乎不那么暴躁了，与人吵架之后不再气愤难平，而且也能很快恢复平静。当人们问他原因的时候，尼古拉斯说："我能变得平静，全依靠一篇歌颂雷电的诗篇。"

接着，尼古拉斯还现场朗诵了一段："雷！你那轰隆隆的声音，是你车轮子滚动的声音！你把我载着拖到湖边上，拖到江边上，拖到海边上去呀！我要看那滚滚的波涛，我要听那咆哮，我要到那没有阴谋、没有污秽、没有自私自利、没有人的小岛上去呀！我要和着你的声音，和着那茫茫的大海，一同跳进那没有边际、没有限制的自由里去！"

原来，尼古拉斯在生气时就朗诵这样的诗句，顿时感觉心里的不满全被发泄出来了，自然也就平静了。

现代生活中的人们每天要面对各种各样的压力，不论是来自家庭、事业，还是感情、人际关系，如果这些压力一直得不到正确宣泄，就会形成沉重的心理负担，若心理负担还是得不到排解，就容易形成抑郁症。尼古拉斯虽然还没有发展成为抑郁症，但是他糟糕的情绪已经给他的生活造成影响，大家都开始害怕和他接触，最后的结果可想而知。

人对于消极情绪的承受能力是有一定限度的，就像一个人不能总是背着沉重的石头走路，这样不仅会减缓前进的步伐，甚至有一天这块石头会把人死死地压住，动弹不得。

一个人想要成功就要懂得轻装上阵，适当地发泄自己内心的积郁，让你的心灵变得轻盈，你才能在成功的道路上越走越快，也只有轻盈的心灵才能让你有一份美丽的心境去欣赏沿途迷人的风景。既能获得成功，又能享受成功的过程，这样的人生才是饱满和谐的。

而想达到这样一个目标就要学会合理发泄。

要怎样发泄内心的不良情绪呢？下面我们就来介绍一些有用的办法。

》学会哭泣

现在的人们被告知要"坚强"，但是坚强并不代表你要忍住泪水。哭是人们感情的自然流露，在传统的观念里，哭就代表软弱，但无论是男人还是女人，在重重的压力下能哭出来都是一件好事。哭泣在人们遭到严重的精神创伤，陷入可怕的绝望和忧虑时是一剂良药。

激动时候的眼泪带有应激激素，而且蛋白质含量非常高，这种蛋白质是对身体有害的物质，所以就算哭泣会让你难堪，它也是在表明你糟糕的情绪已经损害了你的健康，它可以把那些有害物质排出体外，减少压力对身体的危害。

》喊出你的压力

很多时候不正确的发泄方法会让你承受不良后果，所以找到一个合适的地方来喊叫可以帮助你释放压力。

喊叫法就是通过急促、强烈、粗犷、无拘无束的喊叫，将内心的积郁发泄出来，从而平衡精神状态和心理状态。如果你觉得自己不能适应喊叫这种方法，那么唱歌、朗诵都是不错的方法。

》找到合适的出气筒

任何人都不希望变成别人的出气筒，但是在你饱受不良情绪困扰的时候就需要一个出气筒。

你可以把你所有的不满和怨恨都写在纸上，然后烧了它，让你的烦恼随着火焰变成灰烬，不要再记起它，接下来就会一切恢复如常。如果你觉得写在纸上还是不能解决问题的话，你可以跑到一个没人的地方，把一切气话完完全全地说出来，甚至可以说得狠毒一点。这样你心中压抑的情绪自然会释放出来，你也就会变得轻松起来。

当人们悲伤和痛苦的时候，总是希望得到别人的帮助与分担，但是在没有合适人选的时候，我们就要学会自我宣泄、自我释放。发泄可以减轻心理负担，保证心理健康，同时也是成功控制情绪的表现。要学会用发泄来为我们的心灵打扫卫生，保持心理的清洁。

如何正确对待莫名的自卑

自卑是一种消极的自我评价或自我意识。一个自卑的人往往会过低地评价自己的形象、能力和品质，总是拿自己的弱点和别人的优势比，觉得自己事事不如人，在人前自惭形秽，从而丧失自信，悲观失望，不思进取，甚至堕落沉沦。

自卑的人总感觉处处不如别人，自己看不起自己，"我不行""我没希望""我会失败"等话语总是挂在嘴边。自卑的人又往往自尊心极强，自卑与自尊经常会发生冲突，这种冲突造成了极其浮躁的心理。

卡登在某研究所工作，他的学识与技术并不算差，但是，因为自尊心过于脆弱，所以，尽管已30多岁，他却依然无法与同事们和睦相处。原因是，不管是在学术问题的具体讨论上，还是在工作方案的安排上，甚至就连一些对日常琐事的处理与安排上，只要他人与自己意见不合，他便会感觉面子受损，一点也无法容忍，并且会立刻发作，非要他人按自己的想法去做。不然，他便会不依不饶，甚至会恶语相向。

在卡登看来，他永远比别人高一等，自己的意见必然是正确无误的，他人只有听从的份儿，否则便是在反抗自己、与自己作对。而这些，都是为了满足自己那过于脆弱的自尊心。

在研究所中，与卡登相处稍久一些的人，无不对其敬而远之。而每一次的工作任务安排，则鲜有人愿意与之组队，搞得上司对他也极为头疼。他自己则认为，自己受到了轻视。

卡登过于脆弱的自尊实际上是对自己的极度不自信造成的。在哈佛心理学家看来，人的心理是否健康，并不仅仅取决于一个人是否能够被社会接受，同时还取决于他是否能够被自己接受。他人的赞誉与尊重，固然可以使人的自尊得到提升，但是，最高级的自尊永远来源于自我的内在尊重感，即自我价值得到实现的感受。

从这一意义上来说，我们的自尊由"自敬"与"自信"组成。"自敬"是对自我的肯定，它很难通过外界的肯定获得。"自信"则是自我在应对生活挑战时所表现出来的胜任感。挑战便意味着某种自己不擅长的难局，一味地待在自己习惯的舒适区中，如何去迎接挑战？而一味回避挑战，便无法获得胜任感。

我们需要了解的是，自尊心固然是人与生俱来的心理要求，但从来不是天上掉下来的免费礼物，是自己需要先付出一些代价之后，才能获得的一种"自我认可与满足感"。

许多人并没有意识到，那些整日在自己脑海中存在的、负面的、不利的、干扰性的无关想法，对于自己的人生将会产生多大的害处。而很多人同样认为，自己并没有办法对这些负面的、能够损害自尊的想法进行控制。事实上，人的一生中，能够控制的、为数不多的几件事中，便包括了控制思想。若你不去控制自己的思想与情绪，那么，它便会被种种外因所控制，而这将会让你的自尊变得格外脆弱：你会因为他人一个轻蔑的眼神、一句否定的话语而陷入软弱的人生中。

想要摆脱这种人生，你需要按以下步骤，来逐渐构筑健康的自尊：

» 整理自我思维

当你陷入对某些事情的思考中时，不如问问自己：我的思维现在正走向何方？是仅仅围绕着问题本身不断地原地打转，还是集中精力，去寻找能够解决问题的方法？

要记住，只有那些能够给问题提供解决方案的思想才是有用的，若是仅仅围着问题兜圈子，那它对你的自尊毫无益处。

» 找出自己的成就

我们都有这样的错觉：回忆过去的失败或者难堪的经历，要比回忆所获得的胜利更加容易。但是，自信来自你所获得过的成功。面对压力或不堪的时刻，你应先对自己已经获得的成就进行回想，这将对你改变自我糟糕的处境有极大的帮助：积极的思想可以让你感觉良好，也将增强你的为人处世能力。

你应该列出自己的十项成就，虽然这有可能会花费你很长的时间，但是如果你在心里记住这种成就感，并时常提醒自己近来成功做完的事情，你的人生便会轻松很多。

» 让自己理性预期

在接受残酷的考验以前放松自己通常不会有好的效果，因为你的大脑正在对你说着有关准备方面的事情——你还没有充分地准备好。心理软弱的人并不会正确地让自己根据要求进行准备，因为他们无法预料要求是什么。而理性的预期则是将现在的情况与过去发生的事情进行类比。

理性预期可以增强我们的心理强韧度，因为最不确定的事情，通常就是我们未曾预期的事情。你应这样尝试：当你准备解雇某人，而你从前从来没有解雇过谁的时候，理性的预期会帮助你收集此类事情有可能发生的最坏情况，然后，你将寻找改进这些坏情况的方法，同时根据被解雇者的个性来恰当地进行想象。

» 尝试在压力下工作

人身处压力与问题中时，往往能够从中汲取坚韧的力量。你可以每天找一些简单的、对自己有挑战意义的方法来磨炼自己。如果你畏惧在公众场合发言，那么，你就应该养成在公众面前提问的习惯，这可以使你从一个侧面去面对自己的恐惧，同时也能让你渐渐地学会适应在更大的场合中发言。

» 多看到好的方面

如果你总认为自己的生活比别人不幸的话，那么，你便很难保持心理健康。真正的强者可以试着从最糟糕的环境中看到最好的希望，并会反思："如何才能让人生更完美？"

让自己建立起健康的自尊并非是一蹴而就的，最好的做法是，让自己在诱惑与挑战面前变得坚定与坚强，并将积极的做法形成习惯。一旦你能够让自己积极的思想排除掉消极的思想，你便离自强、自尊与自信更近了一步。

焦虑的时候，其实可以这样做

很多人不清楚焦虑到底是一种多么糟糕的情绪感受。它只是一种不愉快的、需要熬过去的感受，还是什么更严重的问题？根据 18 至 19 世纪心理学家们的看法，人在焦虑时，担忧与反思不仅会分散自身的注意力，还会将个人精力消耗殆尽，而且，焦虑会令人极度不悦。

职场人哈林长期被焦虑情绪所困扰，他对焦虑有如下的描述："先是全身感觉到刺痛，然后，自己的精神陷入了麻痹，你开始无法思考到底要做出怎样的决定。不切实际的工作要求引发了你的焦虑，但你发现不做决定让事情变得更糟糕了，因为这样一来，你的效能就在下降。"

哈林试图掩饰自己的不安，因为他害怕上司会认为他不适合干这份工作。他所在的办公室，"埋头苦干"是盛行的文化，因此，人人都不愿意承认自己是有弱点的人——在这样的环境中，他希望自己被视为高效、抗压能力强的员工。

哈林坚信一旦表露脆弱，他的老板就会开除他——他反复地回想着一切事情正在变坏的迹象，并越来越确信，自己正在失去老板的信任，这让他越来越焦虑。

焦虑是人们对某些威胁性事件或者某种情况进行过度预期而产生的高度忧虑不安的状态。这种情绪往往会导致高度的紧张，使人精神过度敏感，严重者甚至会引发生理与心理出现不同的功能性障碍。焦虑程度过高的人会出现头晕、胸闷、睡眠障碍等疾病，在行为上也会出现暴饮暴食、反常、啰唆等症状。可以说，我们处在一个焦虑时代里，人人都患有不同程度的焦虑症。

哈佛幸福课讲师本·沙哈尔认为，长期处于焦虑状态下，可以看作是一种"情感破产"。当个体的负面情绪不断增多，焦虑与压力问题越来越多的时候，社会便正在走向幸福的"大萧条"时期。哈佛医学博士伊萨克·M.麦克斯在自己的著作《解除焦虑》中为我们提供了以下缓解焦虑的方法：

» 进行积极的身体锻炼，为心理减压

身体是革命的本钱，失去了身体健康，事业、爱情、名誉等一切都会化为乌有。所以，让自己积极地参加体育锻炼，合理而有秩序地安排每一天的工作与生活，不仅可以让自己的身体得到锻炼，更能让自我压力得到释放。

» 寻找成就感

成就感是化解焦虑的最好方法，一个拥有成就感的人，其内心也会充满力量与富足感，焦虑也很难将他打败。当你学会了不断地提升自我、为自己制订出自我提高计划，并按计划进行及时充电，同时将所获得的知识与技能用于现实生活中后，成就感便会油然而生。

» 只和自己比

若你一味地与他人进行比较，便难免陷入恶性比较中：只会拿自己的缺点与他人的优点进行比较。其实，你完全可以将眼光从别人的身上收回来，让自己与自己比：今天的我是否比昨天进步了？这次的工作我是不是做得比以往更出色了？学会与自己比较，不但是使焦虑完全化解的高招，更是督促自我进步的最好方法。

» 远离胡思乱想

可能你的个性非常敏感，他人一个冷漠的眼神，便足以让你产生诸多的负面联想：我是不是做错了什么？是不是这一次的升职又无望了？在这样的负面想法中不断纠缠，只会让你越来越焦虑。事实上，你只需要做好你自己就好了，又何必对他人的看法与想法在意太多呢？

» 进行合理的时间安排

找一个安静的地方，对自己的时间进行整理是非常必要的。当你列出了自己需要做的事情，并根据事情的轻重缓急进行具体的安排，同时按部就班地去做时，你便会发现，自己的焦虑程度大大减轻，而工作也变得顺利多了。

» 为自己留出放松时间

日常生活中，让自己避免参加一些无意义的应酬，让自己在行为上表现出快乐与自信，给自己留出时间多进行静思，或者去听听音乐、与朋友一起聊聊天，都是极佳的自我放松方式。

治疗永远不如预防，树立起积极的心态会帮助你更有效地预防焦虑的出现。唯有在积极的心态下，寻求个人内心的独立，并拥有清晰的自我认识，你才不至于在人生的发展上陷入迷茫，更不会产生无所适从的烦躁感。打造个人优势，在遇到了问题时及时解决，不为自己增加过多的无谓压力，你才能远离焦虑的伤害。

伤心的时候，要给心灵松绑

一场战乱几乎摧毁了莱茵河畔的小城，战前四处逃难的居民回到家乡后，见到遍地的废墟，不禁悲从中来。有的人开始抱怨战争的残酷；有的人则开始为自己毫无依靠、毫无方向的人生迷茫不已；有的人因为国破家亡、妻离子散而一蹶不振；有的人坚强地放下了心中的悲伤，努力重建自己的家园。

多年以后，很多人重新开始了自己的幸福生活，他们找回了战乱之前的幸福，而有的人却一直都沉浸在悲痛之中难以自拔，战争在他们心中留下了不可磨灭的阴影和伤痛。

有位老者看到那些心灵依然难以愈合的人，非常同情他们，于是就找到牧师，希望他能够帮助这些受伤者脱离苦海。牧师却摇摇头，无奈地说："微笑的人得到了生活的补偿，失落者则继续着生活的伤痛，对此我也无能为力，因为幸福只留给那些微笑着且对生活怀有希望的人。"

一位思想家曾说："顺利只能引导我们走向世界的一端，不幸却能将我们调转方向，让我们看到世界的另一端。"人要懂得善待不幸、辩证观事，须知很多事情从眼前看来可能是坏事，但从长远来看，也许正是幸福和快乐的先兆。

伊琳·艾根曾在慈爱会中同广为美国人所敬爱的特蕾莎修女共处三十余载。她在一本书中记述了特蕾莎修女对待人生的态度：

"一次，当我做完弥撒，和特蕾莎修女谈到人世间诸多的痛苦和不幸时，她对我说：'其实，世上的痛苦又何尝不是俯拾皆是，但如果我们视其为上天恩赐的礼物，那么人们周围便会减少几许悲观，平添些许快乐……'

"不久以后，我和特蕾莎院长乘飞机去纽约。但飞机起飞前出现了故障，被迫停飞。当时，我感到失望和沮丧，但想起了特蕾莎院长曾说过的话，便这样对她说道：'特蕾莎修女，我们今天得到了一份礼物——我们得待在这儿等四个小时，您不能按计划赶回修道院了。'

"特蕾莎修女听完我的话，微笑着看了看我，然后便安然地坐下来，拿出一本书，静静地读了起来。

"从那以后，每当悲伤情绪即将袭击我时，我便会用这样的话语来表达：'今天我们又得到了一份礼物''嗯，这可真是个特殊的大礼物'……而这些话竟然真有神奇的效果，往往就在不经意间，困顿难释的心境变得开朗，莫名的烦恼也消失不见，连微笑也会在说话间悄悄爬上脸颊……"

生活中不可能只有欢笑，没有悲伤。每个人的心底都会有或深或浅的悲伤。许多时候，有了悲伤的体验，你才能更珍惜快乐惬意。

因此，悲伤的时候，不妨好好体验一下这份伤感，让身心得到一次淬炼，也许在不久的将来你就能清楚其中的益处。另外，我们还可以通过以下两种心态来看待悲伤：

» 辩证地看待悲伤

老子曾说："祸兮福之所倚，福兮祸之所伏。"意思是福与祸相互依存，可以互相转化。同样，悲伤与快乐也是相互依存的关系，在一定条件下也可以相互转化。因此，我们要学会辩证地对待悲伤情绪。悲伤情绪通过我们的自控，也会合理地转化为积极的情绪，让我们有更多的时间去做有意义的事情，而不是自怨自艾。

» 从悲伤情绪中寻找收获

当我们面临苦难时，要将自己的悲伤情绪进行迁移，从重压和苦难中汲取营养，在黑暗中褪去彷徨，寻找一丝丝似梦的明光。要知道，上帝是公平的，他把这份苦涩的礼物赏给了每一个人，以至于我们不能抱怨他的冷酷或者偏心。

任何时候，苦难都是英雄的营养，而英雄又何曾把苦难放在心上。他们把苦难当作历练的基石，在苦难中理解人生，并获得进步。因此，你不会在成功者身上看到肆无忌惮的悲伤的情绪。

人生的烦恼往往是自己给自己编织的一个囚笼，有时候心无旁骛反而可以活得快乐。因此，不带着悲伤上路，不把伤痛放在心上，你才能获取奋进的力量。人都是握着拳头来到这个世上，然后又撒手离去的。所以不要把时间花费在那些终究要化为灰烬的东西上，与其让悲伤情绪困扰一生，还不如化悲痛为力量，任时间终结一切。

享受孤独而不深陷

人从一开始就孤独地来到这个世界，最后又伴随着孤独离开这个世界，好像来这个世界就是为了摆脱孤独，又好像来这个世界是专门为了证明孤独，忙忙碌碌不敢停下来面对孤独，仓仓促促却要急着去会见孤独。

人从少年开始，得不到父母亲人、同学玩伴的关爱，便深深地陷入了孤独之中；青年时期，得不到恋人、朋友的垂青，也深深地陷入孤独之中；中年时期，得不到上司领导的器重、家庭爱人的理解，亦深深地陷入了孤独之中；老年时期，得不到社会大众、子孙后辈的尊敬，又深深地陷入孤独之中……

有人说孤独是一种美，其实孤独是一种无奈，哪个拥有知心爱人的人愿意孤独呢？哪个拥有知心伙伴的人会把自己局限于孤独之中呢？孤独是一种慢性自杀，是一种精神上的无形消耗，谁也不愿意长久孤独，尽管短暂的独处能给人以宁静和身心的思考。

美国芝加哥大学心理学教授约翰·卡西奥波在美国科学促进会年会上发表研究成果时说，孤独可以削弱人体免疫系统，使人体血压上升，压力增大，有造成抑郁症的危险。卡西奥波的实验中，孤独的人患心脏病和中风的可能性是不孤独者的三倍，死于心脏病和中风的概率则达到正常人的两倍。

孤独产生的原因多而复杂，比如事业上的挫折，缺乏与异性的交往，失去父母的关爱，夫妻感情不和，周围没有朋友等。此外，孤独的产生，也与人的性格有关。比如有的人情绪易变，常常大起大落，容易得罪别人，因而使自己陷入一种孤独的状态；还有的人精于算计，凡事总爱斤斤计较，过于考虑个人的得失，因此造成了人际交往的障碍。

自从张女士离开那个已与另一个女人生有一子的丈夫之后，孤独便如影随形地纠缠着她。她非常思念前夫，期待出现一个新的转机，然而希望渺茫。如今她终日以烟为伴，日子过得暗淡无光。她感到自己既老又丑，病病歪歪，看到的一切，都有前夫的影子。

有时候，她凭窗眺望，尤其是在天气晴朗的时候，就会不由自主地流泪。她三十六年的人生就这样了无踪影地逝去了，平静而没有任何波澜，她至今仍无生活伴侣。时光继续流逝，直到她四十岁，她毫无意义地度过了这些年头。张女士心中明白，生活总会向前发展，那些有着美满家庭的人，他们的孩子渐渐长大，而孤单的自己，总是一成不变，只能停留在一个阶段上慢慢老去。然而，她却不知如何才能摆脱束缚，让阳光再次照到自己的心中。

孤独带给张女士的危害不仅是生活上的独处，还有心灵上的感受。如果心灵上充足，兴趣广泛，那就不会有"孤独"的感觉。心灵上空虚，无所事事，这时的独处就会带来恐惧，就会越想越烦，越想越怕，导致恶性循环。所以独处的问题是出在"独处"的感觉上，简言之，就是"孤独感"。

孤独并不可怕，可怕的是对独处的恐惧、焦虑、胡思乱想，结果会让身心背上沉重的包袱。长期的孤独会使人心灵空虚、思维失常、行为迟钝、精神呆板，所有的危害很快就会相继袭来。

心理学家发现，孤独者的一些行为，常常使他们处于一种不讨人喜欢的地位。比如他们很少注意谈话中的对方，在谈话中只注意自己，常常突然改变话题，不善于及时填补谈话的间隙。但当这些孤独者受到一定的社交训练，如学会如何注意与对方谈话后，他们的孤独感就会大为减少。

孤独的人应该认识到，除自己外，还会有其他人同样存在孤独感。想要消除孤独感，我们每天应至少拿一点时间试着去接触他人，要培养自己对他人生活或事件的兴趣。可以先从某一个人开始，这样就可以使交流更容易些，逐渐消除自己的封闭习惯。帮助他人，为他人做事会使你感到自己被人需要，这样会减轻你的孤独感。邀请别人和自己一起做事，譬如一起活动，就会使你找到自己所需要的同伴。

如果你没有足够的耐性化解孤独中的浮躁，你还可以用下列方法来调节自己：

» 给自己找点事情做

想做什么就做什么，只要不违背良知和法律。你可以尽情地唱歌，也可以出外郊游，还可以躺在床上睡大觉。

» 尽量少加班

频繁的加班虽然让人感到活得紧张和充实，但也会加重人的孤寂感。有人因寂寞而埋头苦干，让自己无暇去思考，可不要忘记，工作并不是逃避的良方，只会使人更加寂寞。

» 学会关心

一方面，你应对自己好一点，注意衣着和发型，让自己更具吸引力和自信心。另一方面，你也要善待他人，像关心自己一样去关心他人，接受他人，不要把每一个人都理想化。

» 多和家人团聚

常回家看看，有什么烦恼，说与家人听，一定会得到他们的肯定和帮助。凡事不要总闷在心里。

» 找朋友聊天

去找几个志趣相投的朋友，将你的喜恶、感情与他们分享。

另外，我们不妨试着多去参加社会活动或公益活动，在人群中感受温暖。成为集体中的一员，和他人一起分享快乐，一起分担责任和痛苦，这对有些人来说是不容易做到的。但是你一旦鼓足勇气去参加一个活动，你就会找到使你感兴趣的东西，还会发现一些你所喜欢的人，友谊也就随之而来。让我们一起摆脱孤独的困扰，同时也远离疾病和抑郁。

情绪调节：
赶走负面情绪，预防心理焦虑症

　　作为对外界的一种心理反应，情绪时刻伴随我们左右。不过，情绪差别很大，好情绪让人愉悦、自信，是成功的助推器；坏情绪让人消沉、自卑，是失败的导火线。学会调节个人情绪，就能管好心情，进而处理好人情，办好事情，成功掌握自己的命运。

情绪爆发的几种诱因

日常生活中，人们听到悠扬的琴声会心情舒畅，参加朋友举办的浪漫婚礼会感到幸福，在辽阔的原野上奔跑呐喊会心胸开阔爽朗，看到街头各种各样奇怪的广告会发笑，夜深人静时思念爱恋之人会忧伤落泪，得知亲人突然逝去会苦痛煎熬……情绪是一种十分美妙的东西，情绪带领人们感知这个世界的酸甜和苦辣，可是它来自哪里呢？情绪爆发的诱因是什么呢？

从古希腊至今，历代思想家都在试图从理论上解释情绪爆发的诱因。而当代情绪诱因理论则多注重经验主义研究方法，很多独立的理论并不互相排斥，大多数研究人员乐于采用多种视角，融合各种理论进行研究。普遍认同的三种影响较大的情绪诱因理论为：詹姆斯·兰格理论、坎农·巴德理论、情绪认知理论。

» 詹姆斯·兰格理论

美国心理学家詹姆斯·兰格认为，情绪爆发的诱因是植物神经系统的活动，因此该理论也叫作"外周情绪理论"。詹姆斯认为情绪就是对身体变化的直觉。他认为有机体先有生理变化，而后才有情绪的产生。

当情绪刺激作用于我们的感官时，就会立即引起身体上的某种变化，产生神经冲动，冲动传到神经系统爆发情绪。情绪刺激引起生理反应，而生理反应进一步导致情绪体验的产生。这种理论意识到了情绪与有机体的直接关系，强调植物性神经系统在情绪中的作用，却忽视了外界环境对情绪爆发的影响，具有一定的局限性。

» 坎农·巴德理论

心理学家坎农·巴德认为，情绪爆发是外界刺激引起感觉器官的活动。感觉器官发放神经冲动传到丘脑，在丘脑中同时向上向下发出神经冲动，向上传到大脑产生情绪，向下传到交感神经引起生理变化。

可见，情绪的爆发和生理变化是同时产生的，当受到外界刺激时，神经受到丘脑的控制爆发情绪，所以外界刺激是爆发情绪的主导因素。坎农的理论单单从外界环境刺激方面寻找情绪爆发的诱因，忽视了人类自身的生理条件不同也是诱发情绪的重要原因，因此也具有一定的局限性。

» 情绪的认知理论

心理学家阿诺德认为，刺激情景并不直接决定情绪的性质，从刺激出现到情绪产生，要经过对刺激的估量和评价，情绪爆发的过程是：刺激情景——评估——情绪。对待相同情景刺激的不同评价会产生不同的情绪。

著名心理学家辛格提出，个体生理的高度唤醒和个体对生理变化的认知性唤醒是爆发情绪的必要条件。情绪是认知过程、心理状态和情景刺激三者在大脑皮层整合的结果。在情绪活动中，人不仅接受环境中的刺激事件对自己的影响，同时也要调节自己对刺激的反应，他认为情绪在认知的指导下具有初评、次评、再评三个层次。这种理论总结了以前的观点，认为情绪爆发的诱因有两个，分别是自身的生理条件和外部环境刺激，这也是现在的主流观点。

有位反射弧特别长而且脾气特别好的张先生，一次，他家着火了，妻子急得直跳脚，赶紧把家里贵重的东西拿出来。可张先生呢？他慢悠悠地在屋子里穿上鞋，开开心心地走了出来。

张先生就是这么一个慢性子，他一辈子可能很少会有情绪波动。但有一天，他竟然愤怒了，还打了自己女婿一巴掌。事情是这样的：他的女儿怀孕了，在家里养胎，他炖好了鸡汤给女儿送去。刚走到楼下，就发现女婿十分暧昧地搂着一个年轻的女子。他瞬间就火了，扔掉鸡汤，上去就给了女婿一巴掌。

虽然张先生的神经系统不灵敏，但周围人做事过分时他还是会爆发情绪的。这说明了外界的影响是诱发情绪爆发的最主要原因。

爆发情绪是多种感觉、思想和行为综合产生的心理状态，而这跟人的认知方式有很大联系。认知方式是一个人在感知、记忆与思维的过程中所持有的稳定方式。个体对于事件的认知方式不同会影响个体对于事件的情绪反应。

认知风格有独立性和依存性之分，这就涉及情绪爆发的第二种诱因：自身生理原因。心理学研究发现，在面对失败场景时，依存性认知方式的个体，其抑郁、焦虑水平比独立性认知方式的个体要高。这是因为独立性的个体是自我取向的，他们很少利用外部条件来感受自己，所以会有更多的独立性，很少受外界的影响。依存性个体对外界的变化非常敏感，对周围的环境依赖性很强，更加在意他人的反应，对负性事件的反应就会更强。所以依存性个体情绪爆发的频率更高，独立性个体情绪爆发的频率会低一些。

可见，情绪爆发的两种诱因分别是外界环境的刺激和自身生理条件。所以提高自身的独立性，降低对外界环境的依赖性，对于抑制情绪爆发有重要意义。

应对情绪爆发的策略

著名心理学家马斯洛认为，个人健康需要满足生活理想与现实符合、拥有足够的自我安全感、对人际关系有着良好的感受等条件。随后，在 1989 年，世界卫生组织正式给出了"健康"一词的定义：健康不仅指没有疾病，同时还包括了身体的健康、心理的健康与良好的社会适应性和道德上的健康四大方面。个人情绪是否健康，是衡量个人身心健康的重要环节，所以，当你被负面情绪所控制，经常处于情绪爆发状态下时，你的身心健康便难以得到保证了。

在遥远的非洲，一群自由而又强壮的野马正在肆意地驰骋着。在悄然无息间，一只蝙蝠攀附在了一匹野马的腿上，它使用尖利的牙齿将野马的皮肤咬破了。当野马感觉到腿上猛然一痛时，便狂怒地奔跑起来，并不断地跳跃着，期望可以将可恶的蝙蝠甩掉。但是，蝙蝠却一直死死地咬着野马腿不肯松口，整个奔跑的过程中，蝙蝠一直在吸血，而野马的血也越流越多。

蝙蝠一直在野马的身上待到吸饱血液，之后，它才心满意足地离开。而可怜的野马却因为过度激动，令全身血液流动不断加速，并最终在暴怒中让自己由于流血过多而死亡。

在对两种动物进行研究之后，动物学家们发现，这是一种生性嗜血的蝙蝠，它是草原野马的天敌，但是，这种蝙蝠的身躯极小，其吸血量也非常小，根本不足以将野马置于死地。真正让野马走向死亡的，其实是它的愤怒。

你是否在为野马的遭遇而叹息？但事实上，这样的情况很有可能同样发生在你的身上。现代心理学认为，人类有九种基本的情绪：愉快、兴趣、惊讶、悲伤、厌恶、愤怒、恐惧、轻视与羞愧。愉快与兴趣是正面的，惊讶属于中性情绪，而剩余的六类情绪都是负面的。这一事实预示着：人类受负面情绪控制的概率更大。

由于负面情绪占据了绝大多数，因此人往往会在不知不觉的状态下进入不良情绪中。当你面临负面情绪的时候，若不懂得及时进行缓解，此类情绪便会形成持久的困扰，令你无法完全地展示自我，而且，所有的这些负面情绪都有可能导致各类精神疾病与生理疾病——这也意味着，若你一直处于负面情绪爆发的状态中，那么，毫无疑问，你感受愉快与兴趣这样的正面情绪的机会将会相应减少，而且，你还有可能会面临可怕的"野马结局"。

情绪本身拥有两面性：好的情绪将会令你产生积极向上的力量，令你沉着、冷静，缔造出和谐的气氛；而负面情绪则总是会让你陷入痛苦之中无法自拔。为了让自己保持健康，我们应该尽量让自己远离情绪爆发时刻，让自己多处于积极的情绪中，并从正面情绪中受益。

生活的本质在于追求快乐，而让自己的人生变得快乐的途径有两种：不断地发现有限生命中的快乐时光，并增加它；发现那些令自己不快乐的时光，并尽量减少它。哈佛心理专家皮亚杰提出，虽然对于我们而言，要求自己完全自如控制负面情绪的爆发是一件非常困难的事情，但是，我们应该学会让自己努力地去尝试：

» 将情绪能量发泄出去

当你悲伤、过度痛苦时，你不妨大哭一场，让自己内心的痛苦得以宣泄；当你发怒时，你应该赶快离开令你发怒的人与事，找其他的事情去做一下，让自己由于盛怒而被激发的能量进一步释放出来，从而让自己的心情变得平静起来。当然，过度的兴奋对身体同样无益，让自己多笑，来释放由于兴奋而积聚的能量，也是保障个人机体能量处于平衡的不错方法。

» 将不良情绪进行理智的消解

想要令不良情绪消失，你首先要承认不良情绪的存在；再者，你需要对这些不良情绪的产生进行具体的分析，并弄清楚为什么自己会苦恼、会愤怒、会忧愁，这样的思考会让你进一步弄清楚你在为什么而苦恼、愤怒、忧愁，并能让你确定，这些事与物是否值得你如此恼怒。有时候，你会发现，它们并不值得自己这样大动肝火，那么，不良的情绪自然会消解；但是，有时候一些事情的确会令人勃然大怒，那么，你便需要寻找适当的方法与途径来解决它。比如，你因为自己没有能力做好某项工作而愤怒，你便应积极地进行自我能力的提升，让自己集中精力，将忧虑减轻，并不断地获得新的认知，直到你可以轻松地将事情做好为止。

» 将不良情绪遗忘或者进行转移

一般情绪下，能够对自我情绪产生强烈刺激的事情往往都与自我利益有着直接的关系，想要直接将这种联系遗忘并不是一件简单的事情，但是，你完全可以通过积极的转移，让自己的思维往更有意义的方向靠拢来进行情绪调整。你可以去帮助他人，可以与朋友聊天，还可以找有益的书来进行阅读。想要使自己的心思有所寄托，你便不能让自己处于精神空虚、心理空旷的状态。而那些凡是在不良情绪产生时，迅速地将精力转移到其他方面的人，不良情绪也往往只会在他的身上存留极短的时间。

» 采用必要的方法

自我鼓励法。你可以选择明智的思想和生活中公认的哲理来安慰自己，鼓励自己与逆境、痛苦进行斗争，这样的方法会让你迅速感受到新的力量，并能帮助你在痛苦中振作起来。

语言暗示法。当你被不良情绪控制时，你可以通过"发怒只会伤害自己"一类的语言暗示，来使自我心理紧张得到有效的调整与放松，使不良情绪获得缓解。在专心、平静的情况下进行自我暗示，往往会对情绪好转大有益处。

请他人引导。若你无法独自应对不良情绪，你可以借助他人的疏导，主动向可以依赖的人倾诉，听取对方的意见，对摆脱不良情绪有极大的帮助。

没有人可以一直生活在好情绪之中，既然挫折与烦恼是生活的常态，那么消极的情绪也必然会出现。一个心理成熟的人，并不是一个没有消极情绪的人，而是一个善于对自我负面情绪进行调节与控制的人。采用各种措施，帮助自己尽量发掘出正面能量，让自己在毅力与积极心态的帮助下远离情绪爆发的时刻，是每个人都应该学会的技能。

纯粹的悲观主义者

有一位 50 多岁的王阿姨，一年前，她的老伴在卫生间里面自杀身亡。自老伴去世之后，王阿姨就开始郁郁寡欢，睡眠质量很差，每天都无精打采，原本性格开朗、做事麻利的老太太逐渐变得没有心力去带孙子，家务活儿也做不了。与之相伴的还有食欲下降，心情与态度变得越来越差，她整天躺在床上，生活中再也找不到可以使自己快乐的理由，在她的视野里天空也从蓝色变成了灰色。

因为生无可恋，王阿姨几次想自杀去陪老伴，都被儿子及时救下。可送王阿姨去医院仔细检查后，医生却说临床上并没有发现王阿姨患上什么重大疾病，也不能解释到底是什么原因导致了王阿姨会出现这些症状。这时，王阿姨的儿子突然醒悟过来，父亲去世前的几年，也一直是这种郁郁寡欢的状态。他终于意识到，父亲和母亲可能都患上了某种心理疾病。

不出所料，去心理诊所检查后发现，王阿姨是一位纯粹悲观主义者，也是轻微抑郁症患者，也正是她的悲观主义导致了抑郁症的出现。儿子非常后悔，如果当初早早发现父亲的心理疾病并及时治疗的话，可能父亲就不会选择自杀了。

其实每个人都有悲观情绪，这是由事物的相对性决定的。假如没有悲观，那么何来乐观？每个人的情绪都会存在波动，否则就如同一潭死水般毫无生机。这其中的关键是在于如何正确对待和利用这种波动。

心理学界普遍认为，悲观是一种因自我感觉失调而产生的不安情绪，表现为心理上的自我指责、安全感缺失和对预期的负性思维方式，其本身是内省的、精神层面的、能够直接影响到器官层面的消极心理，表现为狂躁、抑郁、心跳加快、气喘不接或精神衰弱、精神恍惚等，并且在群体层面上，悲观情绪具有非常大的传染性，特别是在相对不大的群体中。

悲观主义是一种与乐观主义相对立的消极人生观、价值观。悲观主义者认为，恶是统治世界的决定力量，人生注定要遭受灾难和苦恼，善意毫无意义，道德的价值只在于消除欲望。悲观主义表现为行为意志相对脆弱，内心本质却含有一定的意志力和争胜心，在内向的压力下与悲观感产生了更激烈的冲突，这样的个体通俗地说叫作"一根筋"，他们往往陷入一种思维很难自拔。

纯粹悲观主义者的特征更加明显。

1.纯粹的悲观主义者既不相信自己有足够的能力来承受和减弱负向价值对自己所产生的不良影响，也不相信自己能够使正向价值发挥更大的积极效应。

2.纯粹的悲观主义者认为负向价值对于自己的影响将是巨大的，而正向价值对于自己的积极作用是非常有限的。他们只关心事物的负面价值，并把逃避最大的负向价值作为其行为方案的选择标准。

3. 纯粹的悲观主义者更容易看到事物坏的一面，不容易看到事物好的一面，对于效应反应迟钝，对于亏损反应敏感，其行为决策总是遵循小中取大的价值选择原则，总是一味地逃避问题，不去解决问题，反而制造了更多更复杂的问题。

4. 纯粹的悲观主义者的注意力跟正常人有极大的差别，常常因为注意力崩溃而犯错，从而陷入更深的自责之中；人际关系也常陷于恐惧心理之中，对于非自己的错误，甚至原本与自己无关的事也会无端地自责，诚恳到让人害怕。

由此应该能了解到，纯粹悲观主义是人生理论的又一种形式。著名悲观主义心理学家叔本华认为："人生如同上好调的钟，会盲目地走，一切皆听命于生存意志的摆布，追求人生目的和价值是毫无意义的。人的生存就是一场苦痛的斗争，生命的每一秒钟都在为抵抗死亡而斗争，而这是一种注定会失败的斗争。"

悲观主义也好，乐观主义也好，其核心是在于观察生活的视角。观察的视角不同，看待事物的观点与态度也就不同。悲观主义的人认为世界是灰色的，乐观主义的人却认为世界是彩色的。虽然无所谓对错，但成为一个乐观积极的人总是好的，你的人生会有无限乐趣。如果你还不能做到控制自己的悲观情绪，但至少要求自己不要成为一个纯粹悲观主义者。当你发现身边有纯粹悲观主义者的话，要及时带他治疗，这会给他的人生带来重大帮助。

抑郁与亢奋等过度反应

16岁的安妮刚上高一，她喜欢用"静若处子，动若脱兔"来形容自己。不过她的同学甚至家人都觉得，安妮动起来的时候实在太疯狂了，经常大吵大闹甚至号啕大哭。可静的时候呢？她竟然会用削铅笔的小刀在自己的手腕上划出伤口，吓得父母连夜带她去医院。

安妮母亲说："安妮以前很懂事的，成绩也不错，今年突然就变了性子，成绩一落千丈，还动不动就发脾气，被说两句就闹着离家出走。我们夫妻俩平时工作忙，为的还不是她？她倒好，什么该做的不该做的全做了。之前也找机会跟她好好谈过，可每次找她谈完后，她都拿着小刀在自己的手腕上比划，吓得我现在一句话也不敢说。"

学校的心理老师认为安妮只是青春期的叛逆行为，可安妮妈妈觉得青春期的叛逆行为也不至于到自残这种程度，所以带她去看了心理医生。心理医生表示："这不是简单的青春期叛逆，而是典型的'双相障碍'，一种发病率不低但识别率很低的心理疾病。"

在这里要特别提醒家长们，如果发现自己的孩子经常出现过度的情绪反应，例如厌世、抑郁、亢奋等等，要及时向专业医生咨询，防止因为不能及时治疗带来更大的伤害。

在心理学上，情绪反应指人在喜、怒、悲、恐时所作出的下意识行为，是植物性神经系统的本能反应。所有人都会有情绪反应，但经常出现抑郁、亢奋等过度的情绪反应却是不正常的。

抑郁是指人的心理意识处于低下状态，表现为对事物非常不感兴趣，对学习上进心不足，对前途悲观失望，对困难的耐受力和抗衡力下降等。抑郁有两种类型：一种是由于精神上受到打击而出现的过度反应；另一种是没有受到打击就直接出现的过度反应。情绪亢奋则表现为精力旺盛、自傲、胆大、霸道等，往往忽视客观条件的允许度和社会道德的约束力而干出一些令人胆战心惊的蠢事。

心理学家朱迪斯·P.西格尔在《情绪勒索》一书中对情绪反应的产生机制做了介绍："人类的左脑主管思想，右脑主管情绪，杏仁体提供能量，大脑的各个部分协同合作、过滤信息，才能帮助人类做出选择。而做出最佳选择需要大脑花费更多的时间与能量，所以在特定的情况下，信息会跳过左脑，直接进入右脑，马上做出战斗或逃跑的准备，但这样很可能会因为信息的不充分而无法实施最正确的行动。"

当出现抑郁与亢奋等过度反应时，应该如何去克服呢？我们需要掌握以下几种方法：

» 了解自己的性格

通过性格测试，准确把握自己的性格，了解真实的"本我"。发现自己的优势和潜能，从事顺应自己本性、适合自己性格的职业。

» 平常心对待

许多人在一生中都会有情绪反应过度的时候，就像人们都会得感冒一样，经过一段时间就会康复。即使察觉出情况正变得越来越严重，那也只是像感冒加重了一样，不需要过分担忧。人生不如意事十之八九，失意不可能避免，忧郁情绪随时会发生，万事如意也只是一种美好的愿望和祝福，所以要常保持一份好心情。

» 参与活动

有计划地做些能够获得快乐和自信的活动，并每天安排一段时间进行体育锻炼。要多交朋友，把自己置于集体中，从丰富多彩的集体活动中寻求温暖和友谊。不要整天把自己关在家里，想些不愉快的事，要学会把自己不愉快的事向朋友、老师、家里人诉说，发发牢骚，把苦水倒出去，从宣泄中得到解脱。

» 培养良好的人格

一个人应对精神刺激的方式与他的人格特点密切相关。如果一个人有良好的人格，面对精神刺激时会积极寻求外界帮助，增强自信心，提高处理复杂问题的实际能力，避免外界刺激对自己造成身心损害。

通过学习这些方法，我们会发现抑郁和亢奋等过度反应并不可怕，完全有办法应对。用微笑面对生活，保持一颗平常心，未来的美好生活会非常值得期待；遇到不愉快的事，要多从积极的方面想，保持豁达的情怀；学会直率、坦诚，不要过分自责、自卑、自怜；不要与人攀比，不要有过高的奢望，合理调节自己的期望值，常常保持乐观情绪。

情绪调节的吸引力法则

一位哲人曾说过，"只有学会忘记苦难和不愉快，才能成为最幸福的人"，这句话颇有哲理。为了使自己不被担忧、恐惧、忧郁等消极情绪所左右，人们应该学会不让生活中一些不愉快的事情改变你现有的美好心情，学会忘记它们。

有个美国人叫鲍勃·彼得雷拉，是洛杉矶的一名电视制作人，60多岁，有着超常的记忆力。他能够记住5岁以来几乎每个生日的细节，过去40年来度过的每个新年前夜，1971年以来历届奥斯卡奖的主要得主，甚至是某天某场橄榄球比赛的得分等等。

这样超常的记忆力是每个人所羡慕的，但是，任何事情都是一柄双刃剑，有其积极的一面，也有其负面的一面。彼得雷拉的超常记忆给他带来了不少烦恼，因为他在记住过去的美好瞬间的同时，也难以忘记那些令他痛苦和难过的伤心事。这给他带来了无尽的苦恼。

澳大利亚制片人和作家朗达·拜恩写的《秘密》一书中提到过一个很重要的人生哲理，那就是"吸引力法则"。按照拜恩的观点，思想是有磁性的，它有着某种频率。如果你想的是一件愉快的事情，在你生活中的那些愉快的经历就会翩翩起舞向你飞来。

然而，当你在与一件不愉快的经历纠缠不休的时候，你生活中那些曾经发生过的不愉快经历和感受就会蜂拥而至，像潮水一样向你扑来，你的记忆仿佛变成了一个吸铁石，所有消极的感觉就会被吸引过来。

生活中，如果你为一件事情感到高兴，吸引力法则就会将所有让你感到高兴的事吸引过来，使你感到心情无比轻松；反过来，如果你不断抱怨，吸引力法则就会给你带来所有让你抱怨的状况，让你在相当长的一段时间内情绪低落。

拜恩的《秘密》还告诉我们，当你感觉到不愉快时，就是因为在长时间地思考那些不愉快的事。从这个意义上来说，我们的任务就是不能让那些不愉快的感受长期占据着我们的思想，也不能让生活中的一点点挫折就抹杀我们愉快的心情。

"超理性财富课程"创办人鲍勃·道尔说："如果你从拥有美好的一天开始，并且沉浸在那种快乐的感觉中，只要不让某些事转变你的心情，依据吸引力法则，你就会吸引更多类似的人和情境，来延续那种幸福快乐的感觉。"

已经发生的，就让它过去吧，别再为那些伤心事烦恼、哀怨，你才能打起精神，继续下一步的行动，让生命里多一些阳光。

我们可以用许多积极的办法，去改变消极的情绪。比如说，当我们感到沮丧的时候，我们可以唱唱歌，欣赏美妙的音乐，进行体育锻炼，与朋友聊天，与心爱的人在一起，或是憧憬未来，回忆美丽的往事……总之，要用自己所拥有的爱好和朋友来转移注意力，把不愉快的思想和情绪统统赶走，只保留那些美好的感觉。

ACT 原则的应用

曾有学生问情绪管理专家约翰·辛德莱尔："我知道生气时应该要离开现场，但每一次生气时，我就是不愿离开现场，非要杵在那里与对方争论出个你死我活不可。"

约翰先生问他："这样做对你有什么好处？"

学生说："至少我吵赢了。"

"你赢了对你有什么好处？"

学生瞠目结舌答不出来。

"你只会让自己的心血管受损，伤了身体，却毫无益处。"

当然，约翰先生所说的"不争吵"并不是"压抑怒气"。长久以来，人们都误将"压抑怒气"视为"管理怒气"，事实上，两者之间存在着天壤之别。约翰先生指出，忍着不生气，或许心中的愤怒一时之间不会外显，但是，选择压抑，其实就等同于放弃采取行动来改善自己的处境。反之，怒气管理其实就是管理好怒气的产生与表达方式，转换怒气损人伤己的特质，才能让自己在人际关系、沟通谈判上不至于落入双输的局面。

不管是管理什么，管理的共同特质都是"解决问题"。以"ACT

原则"作为解决情绪问题的三大步骤，可以避免在面临情绪问题时不知所措。

» 分析现状（Analyze your situation）

分析现状有助于厘清脉络、结构与因果。你的怒气是为什么而生的？它是在什么情况下被引爆的？找到怒气的源头，检视自己的怒气，并反思一下：是不是我想多了，或者误会了？通常情况下，怒气达到最高点后，就会开始消散，不会存在太久；但是，若你不去分析现状，而只是一味地胡思乱想，总是感觉对方针对你、与你作对的话，你就有可能纠缠在无止境的怒气之中。

将执念放在怒气上，就如同把火柴与稻草一起交给不听话的小孩，使愤怒如同野火燎原一般烧不尽。但只要你停止乱想，或者转一个念头，怒气便有可能渐渐消散，进而化为前进的力量。

» 选择最佳策略（Choose the best strategy）

因为每个人的处境不同，在多个选项中，对你最有用的其实只有少数的几个，因此，不妨自行评估，同时以评分的方式选择出最佳的策略。如果这个选择对于其他人影响重大的话，你更应发挥同理心，设身处地为他人着想。

所以，请思考以下问题，以找出最佳选项：

我的部下如何看待这种状况？为什么他们有这样的感受？

如果换成是我，必须遵照这些指令行事，我的感受如何？

我的部下能否正确解读我所说的话？

老板或直属主管对我有何期待？为什么？

» 追踪你的选择（Track your choice）

已故的著名美国经济学家罗伯特·莫顿曾提出了"始料未及定律"，意指某个方案看似可以解决眼前的问题，却有可能引发意料以外的恶果。就如同政府为了保护少数人群而推出新政一般，往往会适得其反；或是高层管理者基于培养接班人的考量，破格提携后进者，却往往引发偏私的争议。

因此，即使步骤二选择最佳策略找到了可能解决你情绪的办法，但你依然需要步骤三来监控之前选择的执行进程，并且掌握自己的选择有可能引发的潜在危险，在必要时调整策略，随机应变。

在应用"ACT原则"时，首先要注意将目标放在"行动"上。比如因为你所带领的团队表现不佳、考核成绩过差遭到老板训斥，如果你一直困在情绪里面出不来，反驳说："你怎么可以这样对我？"老板生气地回道："你知道别人是怎么看你吗？"如此彼此攻击对方，然后失控至拍桌，很可能会导致你丢了工作。

但如果将情绪摆在一边，将重点放在"行动"上："我可以做些什么来改善他提出的这些问题？""我怎样做，才能让他对我和我的团队的看法有所改观？"因此而加倍努力，最后，让老板刮目相看，得到重视。所以，与其为了无法改变的事情坏了情绪，倒不如专心迎向未来的事情。

其次，要将最重要的事情排在第一位。你最重视的价值，往往会影响你的情绪选择。因此，在面临情绪崩溃时，不如思考一下自己所面临的选择："哪个选择可以帮助我实现自我使命？哪种行为最符合我的原则与价值观？"

多花费一些时间去管理好自己的负面情绪，找出愤怒的因子，解开心结，进而操控它、利用它，让自己脱离意气用事、怒而失言的窘境，改变不愉快的时刻，转而以正向、积极的心态，化解令人生气的人或事，方可有效解决问题。

不要在非理性状态下进行情绪推理

琳达一直要求自己要不断地努力、再努力。但是，大多数情况下，她并不知道自己为什么要这样做。后来，她静心想了一下：这可能是因为自己从小就被灌输了这样的想法，即事事都要比他人做得更好——要努力让所有的人都满意。

不管这样的想法是否合理，伴随着琳达已经过去的人生，这种想法一直在她的脑子里。她曾经一天到晚不停地工作，也不觉得自己有什么特别的。可是，这么多年一直做"拼命三郎"，她有些受不了了。这些天，因为工作与生活的压力格外沉重，琳达感觉紧张而疲惫不堪。

一般来说，人们总是会有很多非理性的思维。如果你总是不愿意拒绝他人的无理要求，或者总是工作过分努力的话，你可能就处于这种情况。比如说，你可能有过下述想法或者类似的想法。

·我必须弄清楚，周围的每一个人是否都喜欢我！

·如果我一周工作少于 50 小时，那么，老板与同事就会认为我不够努力。

·要是大家认为我的动作慢，就糟糕透了！

·我一定要分秒不停，保持紧张与忙碌的状态！

·我不能让自己有空闲的时间，那样会惹来非议！

·我只有付出百分之百，我的孩子们才会爱我。

·我们的产品只有更大、更新才能被消费者们所接受。

这些想法以及其他无数种错误的想法往往会被称为无意义的思维或是非理性思维。这些扭曲的、与现实不符的想法会阻碍你实现自己的目标，它们也经不起理智的思考。比如，"我一定要得到他人的认可"这种想法就不符合逻辑，因为没有谁可以保证你总是受到他人的欣赏，而且，也没有证据表明，你这样想了且这样做了，就一定能够得到普遍的欣赏——有人欣赏固然是一件好事，但它绝非是生存的第一需要。

非理性想法也会使你更紧张、更焦虑，它也会影响你轻松享受生活的能力。更重要的是，这些想法还会引发抑郁、愤怒、羞愧或内疚等各种消极的情感，并导致一些破坏性的行为，比如，过分狂热地迷恋工作，一味地回避社交活动，对他人充满敌意，酗酒成性等。

与此相反的是，合乎理性的想法却可以帮助你达到预期设定的目标，它不仅符合逻辑，而且经得起推敲。它会激发人产生兴奋、好奇、热情、幸福、快乐等积极的情感，而且还可以帮助人们做出更有建设性的行为，比如，常常反思自我、做事从容，可以承担令人不快的琐碎小事、勇敢地面对难以避免的冲突、不畏惧被人拒绝等。

心理学家阿尔伯特·艾利斯认为，人们之所以产生非理性的认知，一般都是因为对自己有极端的要求。这种极端的要求，就证明

了个人思维中的非理性部分。在经济学中，最著名的假设之一就是
"理性人"，即将人的决策行为看成是遵循理性、遵循效用最大化
的。然而，现实生活中"非理性"的决策实在太多了。

"在美丽的伦敦大街上逛了一天，欣赏完美景后，珂尔发现自
己的钱包丢了……"心理研究证实，绝大多数人在读到这一句子时，
脑海中会浮现出"盗窃"这个词，并认为，这个词与句子的关联程
度要远大于"美景"。而容易被人忽视的是，丢钱包的原因多种多
样，但是，当句子里出现了"拥挤的大街"时，人们却不约而同地
把丢失原因指向了"盗窃"，凭空地臆造了两者之间的因果关系——
这正是非理性状态下的情绪推理。

强烈的情绪或者感情，会诱使我们从某种角度思考问题，虽然
我们知道是非理性的。但问题在于，我们并没有努力用自己的理智
战胜情感。在情绪的强大作用下，我们常常会认为"我感觉是这样
的""我的感觉一定是正确的"。

因此，作为一条原则，你需要记住：在抑郁的时候，你不要过
分相信自己的感觉，特别是当你对自己进行挑剔、苛责的时候。

面对那种"我感觉是这样，我的感觉一定是正确的"的思维观
念，你必须要认清这样的事实：不管你感觉自己失败、愚蠢或是其
他的什么，这些都不会变成现实。感觉并不能够反映现实。

你可以通过以下的自我暗示向这类情绪推理提出质疑与挑战：

我或许犯下了错误，甚至表现得非常愚蠢，但是，这并不会令
我真的变愚蠢。不管此时此刻我的感觉如何，我始终是一个具有各
种潜能与可能性的个性，因此，我不能轻易被评判。我可以学习变

成不同的样子。或许，我现在认为自己永远不可能成功，但这毕竟不是事实；或许我感觉自己将永远也无法停止哭泣，但是，不管多么伤心的事情，终有过去的一天，哭泣是受到了伤害、需要医治的标志，但不能代表我是脆弱的、愚蠢的。

在某些情况下，感觉的确非常有价值。事实上，它赋予生命以活力。但是，当我们使用情感代替理性思维来处理事情时，往往容易犯下错误，因为我们的情感缺乏精确性与现实性。

因此，你需要考虑的是，如何才能用你的理性来挑战那些不恰当的思维与观念——当然，这并不意味着你不能依靠直觉，而是说，你需要进一步寻找证据来证明你的直觉。

迅速有效的情绪调节法

在希腊雅典奥运会的男子双人 3 米跳板决赛上，彭勃和王克楠的分数遥遥领先，在那种情况下，即使他们的最后一跳出现失误，冠军也是跑不了的。然而，大概是因为第一次参加奥运会，王克楠情绪起伏很大，又是高兴，又是紧张。他最后一跳竟然直接从板上摔进了水里。

由于被起伏的情绪所累，王克楠与奥运金牌失之交臂，留下了一辈子的遗憾。试问，如果他懂得觉察自己的消极情绪状态，懂得当时就调整好自己的情绪，这样的遗憾还会发生吗？

虽然，调整情绪、提高情商是一个漫长的改造过程，可是我们的情绪却不会慢条斯理、心平气和地到来。它总是那么疾风骤雨、排山倒海，打得我们措手不及。面对这种情况，我们应该怎么处理才能不让它造成恶劣的影响呢？也许你可以尝试以下方法：

》深呼吸法

这主要是针对情绪突然紧张的人而言的，当你感到极度紧张时，你需要立刻找一个比较安静的地方，闭起眼睛，全身放松地站着深呼吸，同时默数"1 — 2 — 3"，吸气要深、满，吐气要慢、匀，紧张的情绪就会得到一定缓解。

» 扮怪脸法

如果你的身边有镜子或者其他反光体，那就不妨对着它扮几个鬼脸：歪嘴扭唇、抬鼻斜眼都可以。一方面可以放松面部肌肉，另一方面可以转移自己的注意力。

» 精神胜利法

这是阿 Q 惯用的伎俩，目的就是为了寻找一种心理平衡，但它对情绪受到影响的人会有一定的帮助。你要告诉自己："我平时就是最优秀的，如果我都不行，那么别人肯定也不行。"

» 临场活动法

科学研究表明，紧张的情绪会使人体内产生大量的热能，而原地走动、小跑、摇摆、踢腿等活动则可以释放消极情绪产生的热量，缓解消极情绪。

» 闭目养神法

闭目，尽量让自己的大脑停止转动，舌抵上腭，经鼻吸气，安定神情。

» 凝视法

一直观察某个物体，细心分析、琢磨它的颜色、形状等，这样可以将注意力从让我们情绪消极的事情上转移开。

» 消遣法

夸张、逗趣的漫画，悠扬的音乐，让人爆笑的影视作品都可以使人心情愉悦、情绪高涨，重新占据优越感，恢复自信心。

» 自我暗示法

自己告诉自己"我准备得很充分，一定可以成功""紧张和担心都是无谓的，毫无意义"等。

» 类比法

观察周围人的状态，从情绪不好的人身上寻找心理平衡，从情绪好的人身上感受好情绪。

» 联想法

回想那些自己曾经取得的成功，想想令人惬意的景象，比如：蓝天、白云、微风、流水等。

» 系统脱敏法

将自己想要达到的效果、害怕承受的后果一一列在白纸上，然后将它们按照程度高低进行排序，接着从程度最低的开始，对害怕的后果，告诉自己"即使那样，天也不会塌"；对自己期望达到的，告诉自己"即使不能，像现在这样也不差"。

对于消极情绪，我们应该灵活调整，有时候，要速战速决，找到消极情绪的根源事件，通过解决事情来解决情绪问题；有时候，我们要稍作回避，将注意力转移到积极的一面，等情绪有一定好转后再进行处理；有时候，要"以柔克刚、四两拨千斤"……

当我们不断利用各种各样的技巧来管理自己的情绪时，我们对自己的认知程度就一步步提高了，同时，情商也会随之提高。

情绪转移：
学会转移情绪，给心理降温

　　喜、怒、忧、思、悲、恐、惊，乃是人之常情。但是，碰上心绪糟糕、状态不好的时候，做什么事都会毫无头绪。这时候，你要善于转移情绪，通过心理疏导保持一份良好的心境。掌握了这种"移情大法"，你才能变得更成熟，避免败走麦城。

做有成就感的工作

何先生是一家策划公司的经理，他看起来精力充沛，总是充满热情地去完成工作。其实他的工作并不轻松，三天两头便要出差，旅途匆匆也令他疲惫不堪。他偶尔会抱怨工作的辛苦，但是他更乐于享受完成工作时所带来的快乐。他说："工作确实很辛苦，但如果工作太平淡的话，我同样也会抱怨。与工作给我带来的满足感和成就感相比，这点辛苦真的不算什么。"

在这个充满竞争的时代，人们需要工作来养家糊口，也需要通过工作来获得归属感与社会的认同。也有很多人单纯把工作当作一种谋生的方式，感觉就是为了生活才去工作。其实工作是一种客观存在的事物，它就像是一件"衣服"，当穿上这件"衣服"感觉到幸福与满足时，它才真正体现出价值。

所谓的成就感，就是心中的愿望和眼前的现实达到平衡时，所产生的一种心理感受。丹尼斯·韦特利在《成功心理学》一书中写道："你不必为了寻找成就感的答案而担忧，唯一的答案是，寻找一份忠于你自己的、真实的，并由反思和批判性思考所支持的答案。而当你真正找到了成就感的答案时，你就已经成功了一半。"这也向大家说明了一个道理：如果发现从事的工作不能给自己带来满足感和成就感，要果断跳槽，去寻找一份能让自己真正快乐的工作，这并非难事。

李先生是一位财务工作者，财务工作十分辛苦，他每月2日必须上交会计报表，会计报表上交后的那几天，也总是会提心吊胆，最怕接听到这样的电话："你上交的报表中数据有误。"

一旦发现错误，不仅当事人要被部门进行经济处罚，而且会影响到整个部门的声誉。每月要出的报表虽然表面看起来是"年年岁岁花相似"，但由于经营策略的复杂多变，业务种类的形形色色，他想要完成一份完完全全没有纰漏的报表是件极其困难的事。面对这样沉重的工作压力，李先生不堪重负，最终患上了抑郁症。

在接受任何新工作时，都需要考虑一下担任该项工作所需承受的压力，并依据自己的实际能力逐渐增加每天的工作量，由简单到复杂，逐渐增加自己的成就感。但是如果发现无论自己怎么做都无法获得工作中的成就感时，不如尽快辞职，去做一份有成就感的工作。

积极心理学的研究方向是以主观幸福感为核心的积极心理体验。成就感也是积极心理学研究的重要部分。积极心理学把人的素质和行为纳入整个社会系统中考察，发现工作的成就感跟人的幸福感密切相关。人越是在工作中获得幸福感和成就感，就越是容易在生活中感到幸福。

既然工作中的成就感这么重要，那么想要拥有有成就感的工作，应该要怎么做呢？

» 研究自己的职业价值观

知识、冒险、经济保障、乐趣、竞争、创造力、社会责任……扪心自问："我真正需要的是什么？"然后列下自己的职业价值观清单，并且选择最重要的一项作为选择工作的首选。只有明确自己的职业价值观，才能制定职业目标，才能对将来所从事的职业投入自己的情感，才会拥有工作的成就感。

» 设置短期目标

对于工作，有些人喜欢这样设定目标：成为领导、赚很多钱、成为业界的名人……其实这些应该属于人生方向，不是真正的目标。真正合理的目标包括五个特征：具体、可衡量、可实现、现实、时间限制。比如，关于找工作，可以设置一个短期目标：一个月内在上海找到一份月薪不低于一万元的人力资源工作。然后写下自己的目标，并且时刻关注着。只有关注了才会留心和目标有关的信息，才可能完成目标，也只有达成了具体的目标后才会获得成就感。

» 不要沉湎于比较

对于自己的职业规划，尽量戒除比较。不管是"向上"比较，还是"向下"比较，都是在以其他人的标准来衡量自己。比较只可能在短时间内让你感觉良好，从长远角度考虑的话，反而会错过自己找到适合工作的时机。与其沉湎于与别人比较的自我幻想中，不如思考自己眼前的切实目标。

» 克服障碍

在拥有一份有成就感的工作之前，不免会出现障碍。比如在找工作的过程中，可能会因为地点、环境、人际关系等因素想要放弃；可能会因为频频被拒，内心受挫；可能会因为周围人的批评和不支持，而怀疑自己当初定下的目标。这些都需要自己不忘初心，一步步想出相应的解决方案，然后将它们一一克服。

工作是人生的一个重要的组成部分，它是否能带领我们走向幸福，的确是一个无法确定的问题。但拥有一份有成就感的工作，却是每个幸福的人都具备的共同特征。因为只有从事一份有成就感的工作，才会视压力为动力，高效地完成各种高难度的任务，才有机会赢得成功的人生。

转移注意力的手段

专注地想那些糟糕事，会陷入思维沉迷与情绪紊乱状态，如果你将注意力转移，原来痛苦的体验便会被阻隔。情绪的帆船需要自己来为它掌舵，在遇到坏情绪的时候，转向另一个方面可以避免情绪触礁，保持好的心情状态。

一天，米尔顿的小儿子罗伯特生气地回到家，他重重地把门摔上，对爸爸抱怨道："杰克真是太讨厌了，总是喜欢和我唱反调！"米尔顿看着儿子说："哦，唱反调！听说了吗？最近流行唱反调，我想这种唱法不会流行太长时间。"

儿子奇怪地看着爸爸问："爸爸，你居然还关心乐坛流行，我就很喜欢听摇滚，不过杰克喜欢布兰妮，他总说我听的摇滚太吵了！"

米尔顿听儿子这么一说，就马上转身看着儿子说："亲爱的，你晚上会不会被吵醒？我这几天一直在看午夜的电视节目，希望不要打扰到你休息才好。"

罗伯特认真地想了想说："我确定没有，因为我都不知道你看的是什么节目。我睡得很好，放心吧！对了，你都看什么呢？"这个时候罗伯特的注意力完全被爸爸看的节目吸引过去了，把自己和杰克吵架的事情彻底忘记了，于是他们开始讨论什么节目有意思。

吃晚饭的时候，罗伯特假装生气地对爸爸说："你一直都在和我说别的事，我都忘了生杰克的气了。"

这个时候米尔顿笑着说："亲爱的，这不是很好吗？我们可以随时把坏情绪赶跑，不让坏心情一直困扰着我们。"

这个聪明的爸爸很轻易地就帮助儿子把坏心情给转移走了。其实情绪只是很短暂的一个过程，但是如果我们总是把注意力放在它身上，那它就会一直盘踞在我们心头，好心情就自然不会出现了。用成本理论来计算的话，因为坏心情的盘踞已经让我们很不舒服了，好心情又不能到来，那不是损失更多吗？

当我们长时间把思维与注意力集中在给自己带来不良情绪的事情上时，消极因素就会不断累积，从而使我们钻入思维与情绪的牛角尖。如果此时能够想办法从不良情绪转移到其他事物、其他活动中去，让新的思维占据大脑，这种不良情绪就会减弱甚至消失。

转移注意力是一种非常有效的自我控制法，但是很多人并不真正理解要如何进行转移。其实我们可以通过以下几种途径转移注意力：

» 当出现坏情绪的时候，把注意力转移到自己感兴趣的事情上去

例如散步、看电影、看电视、读书、打球、聊天，这些让人觉得轻松的事情可以在很大程度上转移你的注意力。它不仅能有效地终止不良刺激的作用，防止不良情绪蔓延，还能够通过参与新的活动，特别是自己感兴趣的活动达到增强积极情绪的目的。

» 把注意力转移到这件事的另一个方面去，即换一个角度看同一件事

同样的一句话，在寻找讨厌的理由时，这句话就是坏话，没安好心；在寻找喜欢的理由时，这句话就是好话，肺腑之言。产生如此大差别的根源就在于你的注意力。所以，改变情绪最有效且最简单的一种方法就是改变我们对这件事的注意力。

» 通过吟诗来转移注意力

据说在意大利的不少药店里，有的药盒里装的不是药，而是由心理学家及文学家共同设计选编的诗歌，患者通过大声吟诵就能缓解疼痛。

» 数颜色也是一个不错的转移注意力的办法

当你感到怒不可遏的时候，尽快停下手中的事情，独自找一个没有人的地方。首先，环顾四周的景物，然后在心里自言自语：那是一面白色的墙壁、那是一张浅黄色的桌子、那是一把深色的椅子、那是一个绿色的文件柜……一直数十二个，大约数三十秒左右。这种办法可以把你的注意力从坏情绪中解脱出来，以免你在坏情绪里越陷越深。

不要为拥挤的交通焦躁，尝试看看路边的大树、小草、行人，也许你会发现更多有趣的事情。沉浸在坏情绪中并不能让你更好地解决问题，而转移注意力也许会给你更多的启发以及用更开阔的视角去看待这个世界。

回避痛苦的过往

有个人不知道该如何摆脱心中的苦恼，便向神父诉说。神父告诉他："不妨试着想办法解决那件引发痛苦情绪的事情。"

这个人摇摇头："我心有余而力不足，况且有些事情业已发生，根本没有更好的解决方法。"

"那你为什么不尝试着去忘掉呢？"

"很多事情都是难以忘记的，我担心自己做不到。"

"你曾经有过什么麻烦事，或者发生过什么让自己纠结痛苦的事吗？"

这个人想了想，然后点点头，开始在记忆中搜索那些曾经让自己纠结和痛苦的事，可是他想了很久，却怎么也想不出一件具体的事情。于是，神父笑着说："以前的事情既然可以忘记，现在的事情为什么就不能够忘记呢？"

怀旧是一种对过去生活的再体验，它能让我们感到欢愉，也能让我们追悔莫及。美好的追忆当然很甜蜜，但痛苦的回忆则是对自己的折磨。为了提高我们的生活质量、调整和改善精神状态，我们必须学会忘却。

　　心理学家亨利·柏格森说："脑子的作用不仅仅是帮助我们记忆，还能帮助我们忘却。"这句话也是在提醒我们，要善于对不健康的情绪进行清理和调整，不然的话，人可能因为沉浸在一件件痛苦的往事中而不能自拔，背负着沉重的包袱，脚步当然会蹒跚艰难，一个人如果把所有的事情统统记住，也许他会被累死或者发疯。

　　医学实验表明，一个人如果记忆出现异常，凡是经历过的事都不会忘记，那么他每天的活动都会十分混乱。况且，人有旦夕祸福，古往今来，天灾人祸，留下了多少伤痕，如果一一记住它们的疼痛，人类早就失去了生存的兴趣和勇气。没有"忘记"的生存，是痛苦的生存。要活下去，就不能记得太多。忘却，在某一层次上是值得赞赏推崇的，人类是在忘却中前进的。

　　成功学大师卡耐基认为，正常的忘却是人类的生理与心理所必需的。然而，说起来容易做起来难。要忘掉过往并非是件易事，尤其是忘却悲伤、惨痛、屈辱之类的往事，更不容易办到。因为，它们是你的痛、你的悔，是划在你心灵上的一道带血的痕。不过，假如你不忘却它们，自己的灵魂就会被它们一点一点地腐蚀，从而变得憎恨、怨怼，甚至会让自己精神崩溃，陷入疯狂。既然如此，我们为什么不能洒脱一些呢？

　　无论现实多么残酷，生活还要继续，你不能改变环境，更不能修正你的过去，但你能改变心情和记忆，躲进甜蜜痛苦的回忆不是一种明智之举，我们能够做的，依然是要学会忘却，记住所有美好的，忘却该忘却的痛苦。

人生是一个自然的过程，一个阶段有一个阶段的使命，若是总用怀旧疗伤，就会将今天荒废。与其这样，不如顺其自然，如庄子所言："至德人，忘去自己，无心用世；神明的人，忘去立功，无心作为；圣哲人，忘去求名，无心胜人。"人生之路漫长而曲折，你只有不断上下求索，不断醒悟，不断发展，才能有所增进。

忘却是一种幸福，忘却是一种境界，忘却是一种人生的智慧。昨天毕竟过去了，不会再回来，明天无法预知，而需要珍惜的是今天。爱过、痛过、拥有过、失去了，这便是生活。

我们常有意或无意穿过时空隧道，回到过去，审视每一个阶段的自己，欣赏着儿时的天真，少年时的轻狂，青年时的潇洒，中年时的稳重，还有那些萦绕在脑海里难以抹去的往事。每当此时，痛苦、悲伤、懊恼、失意也都会涌上心头。

其实，我们不必如此折磨自己，过去虽然是一段难忘的经历，但它已经难以再现。为此，我们应该给自己点儿希望的慰藉。无论怎样，都要将困扰着我们心灵的那些思绪抛到远处，并为自己挂上一幅风景优美的山水画。

有些事情已经过去了，就让它永远地过去吧！你不必想起它时，还要悲痛欲绝。不管是恋人、名誉还是青春，既然那些已不属于你，就让它们永远地成为过去吧！你可以把自己当作一个过客，看自己的日子一页一页翻开，然后在困倦时再将它轻轻合上。不要总将过去这本书拿出来读，即使它带来的影响是正面的，也会让你多少有些感伤。

在我们的周围，有很多人总想用昔日的美好来填补今日的空虚或是遗憾，其实他们错了。现在的一切不需要过去来修订，现在和过去都是独立的。你也无须拿今昔对比，只要向着好的方向去就没有错。

多数情况下，人们之所以情愿在怀旧的情绪里沉沦，那是因为没有把握好愉快的现在。看看你的现在有没有美好的事情值得你去把握，而过去的事情无法挽回，无法弥补，往事不可追，不要因为活在过去的记忆里，而失掉了美好的现在。你的往事挥不去，今日事也如过眼云烟，不久又成为你不能忘记的过去，那样的人生不快乐，所以你要摒弃过去的不快，只要向前看，前途就会一片光明。与其有那份精力去感伤过去，还不如把更多的热情投入到新的生活中去，等你创造了更舒适美好的今天时，你会发现不愉快的往事也随风而去了。

不要让过往的不愉快再缠绕你，束缚你的思想，你必须把它忘掉，不要让自己柔弱的内心再次受到摧残，更不要再使自己陷入痛苦而不能自拔。学会遗忘，让时间的钥匙给记忆的箱子上把锁吧！不要再留恋于过去的一点一滴，把握住现在才是最重要的。做现在的自己，那才是最快乐的事情！

换个环境，激活感官

在与男朋友分手后的几个月里，小杜下了班之后不是以泪洗面，就是埋头于各种肥皂剧或网络游戏中。她一概回避朋友的各种聚会，完全忽略亲人的关心，沉浸在自己悲伤的世界中无法自拔。她自己也感觉似乎再也回不到过去的生活中了。直到有一天，远在福建的好友邀请她去参加一个"内观"活动。她第一次听说"内观"这种活动，觉得会很有趣，正好自己也想出去旅游散散心，便请了假，来到活动所在的古寺。

每日止语、打坐、早起早睡、过午不食、听开示……她过着晨钟暮鼓的生活，似乎摆脱了世事的纷扰，心灵也渐渐得到了抚慰。回到城市之后，她感觉失恋的伤痛似乎已经成了前尘往事。她感慨："到底发生了什么？竟有这么神奇的疗愈效果！"

且不说"内观"本身的作用，单说换一种完全不同的生活环境，其实就能激活感官，会赋予身心全新的能量。从心理能量角度来说，每种环境都有它独特的"振动频率"，也具备不同的能量水平。如果生活陷入一种周而复始的循环状态，一旦发生了负面事件，人就有可能会呈现麻木、低落、枯竭的状态。如果能换到一个"振动频率"完全不同的环境中，就能获取新环境的能量，从而可以激活感官、振奋精神。

环境心理学是研究环境与人的心理和行为之间关系的一种社会心理学，也是社会心理学的一个重要的应用研究方向。环境心理学专家深入研究自然环境和社会环境中人的行为，发现自然环境对人类的心理和行为具有特别大的影响。只要略微变动一下人类所处的生活环境，人类日常生活的心理和行为就会发生显著的变化。而且一个全新的环境会给身处痛苦的人神奇的疗愈效果。这就是辽阔的草原沙漠、静谧的深山古刹对心灵具有抚慰作用的原因。

繁忙的工作中，我们常能听到有人喊"累"。对于身体的疲惫，也许一段短暂的休息就能恢复活力，精神的压力则需要更好的释放，而此时减压最好的方式就是旅游。

几天前，王女士在微信朋友圈中发了一组照片，照片中有独具匠心的夯土小屋，还有舒适典雅的独栋树顶别墅，这些精致的景色营造出了一种宁静祥和的氛围。王女士说："这是我们不久前刚去玩过的一个地方，是莫干山的裸心谷度假村，在那儿的几天，我们一家玩儿得特别开心。那里不仅有让我陶醉的裸心谷优美的景色，也让我体会到了过上简单生活的滋味，这将成为我人生中重要的回忆。"

王女士喜欢旅游，当被问起为什么喜欢旅游时，她表示："换个环境，换种心情，走出一个环境，进入另一个环境，心情愉悦自不必说，还能够刺激感官，人也必然会有所感慨。像住在独栋树顶别墅时，整个山谷的美丽景色都尽收眼底，风吹草木动，清水山涧流，一切都是那么自然与美好。其实除了放松之外，常与老公出去旅游也能增加我们之间的亲密感，会让我的家庭更加的和谐、幸福。"

像王女士一样，如果感觉心灵疲倦了，不如换个环境，换种生活方式，让全新的世界抚慰你疲累的心灵。

心理活动不是无源之水、无本之木。人类受到感官刺激之后会形成感觉，而感觉就成了一切心理活动的源头。在感觉的基础上，人类有了知觉、思维、记忆、想象等其他一系列认知过程和情绪体验。

心理学家伯莱恩认为，追求过分的感官刺激可能会付出严重的代价，即使经过抗争走出困境，也会留下严重的心理创伤，并会严重影响以后的行为。但适当的感官刺激却是保持生命活力和增强个体生存能力的必要条件，没有感官刺激的人生也是无趣的。

行为心理学专家通过研究证明：人类的一些不健康行为是人与环境不相适应的结果。这些不健康的行为往往是通过对特定环境的条件反射习得的。换句话说，在一个特定的环境中，一个人总循环做出一种特别的反应，并且逐渐演变成习惯性行为。其实是这个环境中的刺激物刺激了这种反应的反复出现，换一个没有这种刺激物的环境，这种反应习惯就会慢慢消失。

俗话说："树挪死，人挪活。"这句话便是针对人的思想、思路、方法、工作岗位等条件而言，如果在原来的环境中很难取得突破的话，不妨改变一下自己所处的环境，以前认为不可行的事情往往就变得可行了，以前认为的死路往往就变成了活路。

民国时期的教育家王凤仪就曾说过："在家得的病，外出可能就好了；在外得的病，回家也可能就好了。"如果你也遇到了困境或瓶颈无法摆脱，不妨换个环境，换种生活方式，开启一段崭新的人生。

找出真正值得花费心力的事情

　　坐在安静又昏暗的学术报告厅里，你开始与疲劳拉开了"拉锯战"。眼下，你脑袋上方的投影仪正在嗡嗡作响，但是你却神游于那些看似精彩的幻灯片之外。台上那位正在传道授业、讲述精彩内容的教授如同离你十万八千里一样，而此时用两个字来形容你的心情，便是"无聊"。

　　早在 1986 年，美国心理学家诺曼·D. 森德伯尔便与自己的学生们一起对无聊这种情绪进行了系统化的研究。他们通过更科学的方法测试了人们在不同的境况下产生无聊感的倾向性。结果证实，几乎每一个人在身处重复、单调、压抑的环境却无法摆脱（如排队等候）时，都曾经有过短暂的厌烦情绪，但是，有些人却频繁地感觉到无聊。他们需要在生活中寻求更多的刺激，或者因为本身并不具备自娱自乐的能力而闲得无聊；或者找不到生活的意义与目标，对于生存本身产生了厌弃心理。

　　随后，另一名美国心理学家史蒂文·沃丹洛维奇的研究又证实，常常有无聊感的人罹患焦虑症、抑郁症以及药物、酒精成瘾的风险更高。他们不仅易被激怒，好斗，而且缺乏人际交往的技巧，在工作与学习之中也表现得较差。

无聊感的产生主要可以归咎于两个原因：

》外部的刺激不足

外部刺激不足，也可以被视为是对新鲜感、兴奋感以及变化的渴望不足。由于渴望外部刺激，性格外向的人更容易陷入无聊之中。这是因为性格外向的人往往会需要持续变化的刺激，才能够达到最佳的唤醒水平，否则，无聊感便会油然而生。

》自身调节能力偏弱

虽然性格外向的人通常情况下会需要更多的外部刺激，但是，他们的自我调节能力却各不相同。相比于没有太多兴趣爱好的人，那些爱好广泛且富有创造力的人更不容易陷入无聊的泥淖之中。正如心理学家史蒂文所说的那样："我相信，有些人即使如同佛教的僧侣那样，只是安静地打坐，也不会感觉无聊。他们依然可以感悟生活、发现快乐，并不断地成长。"

事实上，如果内心世界不充实，而自身调节能力又弱的话，再多的外部刺激与新鲜感也会转瞬即逝。因为大脑会不断地寻求刺激，这是它的本性，久而久之，大脑对刺激的需求以及强度都会大大增加。

除了外部刺激不足与自身调节能力偏弱这两个因素以外，情绪波动也会使个人陷入无聊的深渊之中。那些拥有积极自我意识的人很少会感觉无聊，相比之下，那些自我意识较弱的人往往不清楚自己真实的需要与愿望，找不到生活的目标和意义，他们更容易深陷在"无聊"的深渊中。

在极端情况下，如果个体不知道如何让自己开心起来，被无意义的当下包围，也会产生出复杂的无聊感，甚至直指生存问题本身。而当个体出于现实考虑或迫于其他压力，放弃了至关重要的生活目标和梦想，无聊感也会随之产生。

美国临床心理学家理查德·巴尔迪尔曾描述过几例无聊的案例，这些案例都显示，失去了生活目标会使人产生深刻的无聊感。其中，有一位女性在放弃当生物学家的梦想后，后悔嫁了一个不喜欢的丈夫，生活在空巢一般的家里；另一位男性放弃了当天文学家的梦想，转而投身宗教事业，也出现了同样的症状。

无聊感各有不同，治疗无聊的方法也多种多样。想要让自己远离无聊，或者说在无聊出现时将其击退吗？最好的办法就是让自己的方法更有针对性。

如果你的无聊感源于令人乏味的工作，那么，你可以尝试着换一份工作，或者增加自己的工作难度与强度，来改变自己的工作环境。

如果你总是在业余时间感觉无聊的话，那么，你就应该尝试着远离现在的生活方式，培养一些新的兴趣爱好，或者学习一些新的技能。通过这些自我训练，你会发现，自己周围的世界其实很丰富，只要用心观察、体会周围的美，便不会感觉无聊。

学会内观也是一个不错的办法：内观是个人感知与关注当前的状态，它源自东方哲学中的打坐冥想。内观过程中，你应缓慢放松，专注于自己的呼吸吐纳和肢体感觉，并让思绪天马行空般穿行于脑海。内观训练可以有效地帮助你提高注意力，走出情绪的漩涡，从而减少无聊感——心理学家们证实，在接受为期十天的内观训练后，冥想初学者与未接受过训练的人相比，其不良情绪、工作注意力与记忆力都有了明显的改善。不过，在进行内观时，你应该充分认识自我和周边环境，这是成功内观的关键。

当然，无聊并不是一无是处的。很多心理学家们都发现，无聊可以提供一个思考与反省的机会。此外，无聊还可以作为判断自我工作是否有价值的标准，因为无聊的工作是不值得浪费时间与心力的。

实际上，这个世界上已经有很多学者将无聊感视为自我灵感的催化剂。诺贝尔奖获得者、著名诗人约瑟夫·布罗茨基在自己的作品中就曾经提到过："当无聊的大潮来袭时，请让自己允许它到来，让自己随波逐流，陷入最深的无聊之中。因为，当不快发生时，你越是尽早与之交火，便越有机会早一些浮出水面。"约瑟夫如此说道："若你此刻可以成功摆脱无聊的消极效应的影响，便有机会化阻力为前进的巨大动力。"

换一种思维便豁然开朗

微软的创始人比尔·盖茨是一位情商极高的领导者。他为人非常谦和，从不会为了什么事情大动肝火，也正是这种个性缔造了微软的神话。

很多年前，在 Windows 系统还没有诞生时，比尔·盖茨去请一位软件高手加盟微软，那位高手一直不予理睬。最后禁不住比尔·盖茨的"死缠烂打"，他同意见上一面。但一见面，他就劈头盖脸讥笑说："我从没见过比微软做得更烂的操作系统。"

比尔·盖茨没有丝毫的恼怒，反而诚恳地说："正是因为我们做得不好，才请您加盟。"那位高手愣住了。盖茨的谦虚把高手拉进了微软的阵营，这位高手后来成为 Windows 的负责人，终于开发出了被全世界广泛应用的操作系统。

比尔·盖茨的高情商让他成为这个世界上最受瞩目的人物之一，这可能也是微软更重视员工入职前情商测试的原因之一。那么微软的情商测试究竟是什么样子的呢？下面就为大家举个例子，看看你是否也有潜力成为微软的一员：

在一个暴风雨的晚上，你开着一辆车，经过一个车站。

你看到有三个人正在焦急地等公共汽车，他们分别是：一个生了重病，生命受到威胁的老人，他需要马上去医院；一个曾经救过你性命的医生，你做梦都想报答他的恩情；还有一个是你梦寐以求的理想对象，这次如果错过她（他），以后就再也没有机会了……

而现在的情况是，你的车里只能坐下一个人，只能带一个人走，你会怎么选择呢？

对于高情商的人来说，这个问题实在太容易了。可是情商低的人也许就要陷入纠结的状态：社会责任和良知告诉你，老人是必须要救的；道德告诉你，对医生也不能坐视不理；情感却说，你一辈子都求之不得的那个人啊，怎么可以让她（他）溜走……

当然，基于道德和良知的考虑，很多人会选择生命垂危的老人。他们会想，恩情以后还有机会报答，自己的感情丢了远没有一个生命丢了来得重要。

是的，这个选择是没什么错，可是高情商的人会告诉你，你还有更好的选择：你下车，让医生开车带老人去医院，然后你陪着自己心爱的人在雨中等公共汽车，或者雨中漫步……

很棒的结果不是吗？你只需要换一种思维方式就能让自己的世界海阔天空！一个成功的企业需要的正是这种具有开放性思维的人。任何问题并不都是只有一个答案或一种解决方式，你完全不用让自己如此进退两难。那些经常进退两难的人会很容易让自己走进死胡同，一个爱钻死胡同的人怎么可能让一个企业前途光明呢？

　　所以，从现在开始，请你试着换一种方式去思考，生活虽然不是脑筋急转弯，却需要脑筋急转弯那样的智慧。即使你有不撞南墙不回头的勇气和撞破南墙的能力，可是如果有不必撞墙的方法，何不考虑一下呢？

Part7

情绪感染：
锻造强大内心，远离情绪污染

　　他人的喜怒哀乐往往会在极短时间内感染我们。受到消极情绪感染的人们，往往会表现出情绪低落、忧郁甚至愤怒的状态；受到积极情绪感染的人们则会表现出热情高涨、乐观上进的模样。同样，你周围人的情绪，也会因你的情绪而改变。这是因为人在宣泄自身情感的时候，会形成一个情感场，这个磁场可以感染周围的人，进而形成互动并感受到情绪感染所带来的效力。

情绪污染引发的"踢猫效应"

是否想过，你的情绪就如同作用强大的病毒一样，可以到处传染呢？这种能够被传染的情绪，会进一步通过姿态、语言、表情传达给对方一些信息，在不知不觉间使他人受到影响——这便是心理学上的情绪效应。

一位经理在大清早起床以后，发现自己上班马上就要迟到了，便急急忙忙开车赶到了公司里。一路上，为了赶时间，这位经理连续闯了几个红灯，终于在一个路口被警察发现并拦了下来，警察给他开了一张罚单。

这样一来，上班迟到成了铁板钉钉的事实。到办公室后，这位经理像吃了火药一般，看到办公桌上放着几封未寄出的信件后，更加生气了。他将秘书叫了进来，劈头便是一阵痛骂。

然后，秘书拿着未寄出的信件，走到了总机小姐的面前，照样是一通狠批："为什么昨天没有提醒我还有这么多的信件需要寄出？"

总机小姐大早上便挨了上司的批评，心里很不爽，便找到公司里职位最低的清洁工，并借题发挥，对清洁工的工作进行了没头没脑的批评。一连串声色俱厉的指责让清洁工的心情立即坏了起来，但她在公司里地位最低，没人可以让她撒气，也只能自己忍着。

在下班回到家后，清洁工看到儿子正坐在沙发上看电视，客厅里面满是他乱丢的衣服、书包与零食，她立刻抓住机会，将儿子好好地教育了一通。

儿子气得连心爱的动画片也不看了，愤愤不平地回到自己的房间里，看到家里的那只大懒猫正盘踞在自己的书桌底下，一时怒从心起，狠狠一脚，将可怜的猫踢得远远的。

没有犯下任何错误却无故遭殃的猫百思不得其解："我做错什么事了吗？"

这便是现实生活中确实存在的"踢猫效应"：人的不满情绪与糟糕心情会随着自己的人际交往不断扩散出去，并会形成或模糊或清晰的传递链条。

哈佛大学心理学教授尼古拉斯·克里斯塔基斯与加利福尼亚大学圣迭戈分校的教授詹姆斯·富勒一起完成了一项名为"快乐传递"的实验。

在实验过程中，尼古拉斯发现，快乐情绪可以感染亲友与邻居，他们估算，若自我社交网络中有一个人可以感受到快乐，那么，其家庭成员与朋友感受到快乐的可能性会增加14%与9%，而其室友与邻居感染到快乐的可能性会增加8%和34%。

同时，快乐情绪在人际传播的过程中，最长可以持续一年，并能使三个社交圈子的成员受到影响。据测算，当群体中有一个人变得高兴起来时，他的快乐情绪很可能会感染到"朋友的朋友的朋友"，而且，这一可能性的概率为 5.6%。实验证明，5000 美元只能增加个体 2% 的幸福感，所以，他人的良好情绪会比 5000 美元更让人感到高兴。

按照尼古拉斯的说法：你的快乐并非局限于独立的个体，你是否快乐，并不完全取决于你的行为与想法，更受一些与你素不相识者的影响。

此外，该项研究还发现，负面情绪与好情绪相比，有着更为强烈的传染性。比如，一个原本性格开朗、心情舒畅的人整日与一个心情沮丧、唉声叹气、愁眉苦脸的人相处的话，不久之后，他自己也会变得抑郁起来。而且，一个人越是具有同情心，就越容易受到不良情绪的传染。

这种消极情绪的传染往往是在不知不觉中进行的，而且它们的传染速度相当快。若你与亲近的人在一起，而对方的情绪过于低落或者烦躁，那么，不到半小时，你的情绪便会受到对方情绪的影响。

因此，在日常生活与工作中，我们应该让自己保持良好的情绪，避免自我情绪受到他人负面情绪的"污染"。以下是一些避免个人受到负面情绪传染的方法：

» 努力掌控情绪

不要让自己的情绪受到他人行为的控制，而是让自己学会掌握自我情绪，找出令自己的情绪变得不好的原因，并努力将其排除。有时候，你会无法判断到底是什么引发了自己的负面情绪，在这种情况下，首先接受它，然后再进行积极的自我暗示。

» 避免与坏情绪者在一起

当你看到某人脸色不佳时，就可以推断出此人目前正处于不高兴的状态，此时，你最好回避，以避免自己的某些不经意行为引爆他的不良情绪，更避免让自己受其负面情绪的影响。

» 意识到发泄坏情绪的恶劣性

坏情绪对人百害而无一利，有情绪去发泄是正确的。作为一个现代文明人，我们可以选择发泄坏情绪，但是绝对不可以随便向他人发泄。身处公众场合时，我们更应该为他人考虑，因为情绪问题不是私人的事情。而那种一有情绪便将他人当成出气筒的人，不仅会遭到他人的反感，更会让自己的生活陷入一团糟的境地中。

» 善于把握情绪的关键时刻

人的情绪有两个关键时刻：一个是早起时，一个是晚睡前，若在这两个时间段内保持良好的情绪，使自我心情顺畅、快乐，你便会很容易获得一天的好心情。

个人的情绪总是处于不断的变化中，情绪好的时候，我们会感受到生活一片光明；情绪不佳时，我们往往会因此而怨天尤人。我们需要认识到的是，好与不好，都是自我情绪作用的结果，好的时候，让自己坦然面对；坏的时候，积极看待。千万不要将自己的负面情绪轻易传递给他人，也不要轻易受到他人的负面影响，这才是真正成熟的表现。

避免成为情绪的污染源

一位女医生在商场里购买围巾，挑了好长时间却总也不满意。因此，女售货员很不耐烦地说："你是来买围巾的还是来欣赏围巾的啊？你到底买不买啊？"而这两句话让女医生的购物热情一下子降到冰点。

随后，女医生带着一肚子的不愉快去上班，又一脸不高兴地给患者看病。一位病人拿起女医生开的处方对她说："医生，这种药很苦，能换一种吗？"女医生怒气未消地说："这又不是糖！药都是苦的！你到底是来治病的还是来尝药的？"

病人见到如此不耐烦的医生，心里堵得慌，于是愤然离开。而这位病人是个银行职员，回到单位后，她坐在柜台里越想越气，对每一位来存钱的顾客都没有好脸色，服务态度更是差。而其中一位顾客，恰恰正是故事一开头的那位女售货员。

日常生活中这样的例子不在少数。人的情绪是会传染的，要避免自己成为情绪的污染源，不然既害人又害己。

据台湾心理学教授刘仁洲介绍，人的不满情绪和糟糕情绪，一般会沿着等级和强弱组成的社会关系链条依次传递，由金字塔顶尖一直扩散到最底层。而无处发泄的、最小的那一个元素，则成为最终的受害者。换句话说，人的情绪都会受到环境以及偶然因素的影响，当一个人的情绪变坏时，潜意识就会驱使他选择下属或无法还击的弱者发泄。如此一来，就会形成一条清晰的"愤怒传递链条"，而最终的承受者是最弱小的群体，也是受气最多的群体，因为会有多个渠道的怒气传递到这里来。

心理学专家研究发现，人的恶劣情绪就像病毒和细菌一样具有传染性，而且传播的速度特别快。研究结果证明：只需要二十分钟，一个人就可以受到他人低落情绪的影响。如果一个原本心情舒畅开朗的人与一个愁眉苦脸、情绪抑郁的人相处，不久这个人也会变得情绪低落起来。如果这个人既特别敏感又富有同情心，那么就更容易在不知不觉中染上坏情绪。所以，要避免成为情绪的污染源，只有这样，才不会扰乱他人的情绪，也不会给他人的生活造成影响。

人不是孤立存在的，社会中的每个人都需要面对其他人。一部分人在人际交往中形成的不满和怨愤无处发泄，甚至把孩子当作"出气筒"，可是欺负孩子之后还是会觉得心里愧疚，于是，作为"污染源"的家长便用物质来偿还，会给孩子买很多的礼物。久而久之，家长的做法会让孩子学会一种处世原则：人没那么重要，人的情感要通过钱来解决，而且钱能解决一切事情。这是非常错误的人生观和价值观。所以，为了孩子，我们要避免成为情绪的污染源，尽量不把自己的情绪迁怒于孩子，做一名合格的家长。

成为情绪的污染源是件很可怕的事情，那要怎么做才能避免成为情绪的污染源呢？

» 提高自察能力

哲学家苏格拉底的一句"认识你自己"，道出了情绪管理的实质与核心。一个人能够监控自己的情绪并且具有知晓自己情绪变化的能力，就能有很好的自我觉察能力和心理领悟能力。如果一个人不具有对情绪的自我觉察能力，或者说不认识自己真实的情绪感受的话，就容易被自己的情绪任意摆布，以至于无意识地就成了情绪的污染源。

» 提高自控能力

情绪的自我调控能力是指一个人如何有效地摆脱焦虑、沮丧、激动、愤怒或烦恼等消极情绪的能力。这种能力的高低，会影响一个人的工作、学习和生活。当情绪的自我调节能力低下时，人就会常常处于痛苦的漩涡之中，也很容易成为情绪的污染源。所以提高对情绪的自我调控能力很有必要。

» 提高人际协调能力

处理人际关系的协调能力是指善于调节与控制他人的情绪反应，并能够使他人产生自己所期待的反应的能力。一般来说，能否处理好人际关系是一个人能否被社会接纳的基础。在处理人际关系的过程中，重要的是能否正确地向他人展示自己的情绪与情感，因为一个人的情绪表现会对接受者即刻产生影响。如果你是一个坏情绪的传染源，那么接受者极有可能会受到你坏情绪的影响。当然，在交往过程中，如果拥有良好的人际关系协调能力，你不仅能够避免成为情绪的污染源，而且在工作和生活上也会顺风顺水。

在任何组织里，总会有几个不满现状的人无意识地成为"情绪污染源"，他们会把大小事做负面解读，总认为这个世界对不起他，他们还会把自己的情况渲染得很悲惨，讲给周围人听，而这些负面情绪的传递对周围人的影响将会特别大。所以，我们在避免成为"情绪污染源"的同时，还要努力去改变他人，将情绪污染的危害降到最低。

你看到的并不一定是你想象的那样

天空有阴霾不是一定会下雨，月亮残缺不一定就是天狗食月。其实有的事情并不全都是你想的那样。阴霾的天空会放晴，月亮残缺了还会再圆。任何事都有其两面，如果一直把事情引到你糟糕的情绪中去，无论是悲伤还是恐惧，你将永远成为它们的奴仆。

有个人很喜欢旅游探险，一次他一个人到山里去旅游，坐在山路边休息时，脚被一只黄蜂蜇了一下。但是，他并没有发现那只黄蜂。他摸着脚腕上那个肿胀的包，心中感到非常恐惧。因为，他曾经听人家说过，这座山里有一种毒虫。而且，他还知道被毒虫咬了以后，只要走出十步，便会丧命。

想到这儿，那人的脚腕愈加肿痛了，他敢肯定自己是被毒虫咬了。幸亏，当时他在听人说这件事的时候，曾跟人家请教过解救的办法：只要原地不动，在心里默念"毒虫，毒虫"的咒语，到日落西山的时候，毒自然解除。

于是，他就站在那儿，默默地念着咒语。但是，他的内心仍然非常恐惧。火辣辣的太阳烤得他头晕目眩，他只能急切地盼望着日落。结果，还未等到日落，他就晕倒在山上了。

他被人送入山下的医院救治，医生们经过检查后发现，他是因为中暑晕倒的。待他醒过来之后，医生问他中暑的经过，他一五一十地讲述了自己被毒虫叮咬的事。

医生听完后，哈哈大笑起来。最后，医生告诉他，毒虫只是一种传说。

这个故事告诉我们，很多时候我们不是被自己的能力打败的，而是被我们想象中的恐惧打败的。恐惧是一种很容易传染的病菌，也许事情并不是你想象的那么坏，但是恐惧的病菌一旦进入你的身体，你就会变得忧郁和怯懦。

恐惧是我们每个人都会产生的心理状态，恐惧也是人类生存下来的一大功臣，因为有了恐惧，人类才能学会趋利避害，才会注意保护自己。但是如果我们过度地恐惧，就会变得草木皆兵，就只能胆战心惊、小心翼翼地活着。

没有一种情绪是强大到不可战胜的，只要你能看清它们，不要放大或是缩小，都可以战胜。坏情绪很多时候不是因为客观条件产生的，而是来自人的主观。一件原本不是很严重的事，在人的坏情绪酝酿之下就会变得无比可怕。其实很多人在渡过了危机后会发现，事情并没有我们想象的那么糟糕，只是因为我们身处其中，让情绪左右了我们认知的方向，才会只看到坏的那面。

想要让事情全面地呈现在我们面前，就要学会用正确的态度看待这些问题，那正确的态度都是些什么呢？

» 没弄明白之前不要随意想象

以前人们不知道为什么在墓地里会有飘来飘去的火，于是就加入了很多想象，编出了这样一套说辞。他们说那是鬼火，是害人的，于是大家都非常害怕。直到很久以后，我们才知道这是一种自然现象，叫作磷燃烧。从那以后，怕鬼火的人自然少了很多。很多事情也都是一样，因为我们不清楚，所以总把事情想象得很糟糕很可怕，最后才发现其实是自己想多了。

» 客观一点有助你看清事实

或许你只是听到了一些好朋友陷害你的流言，不管这是不是真的，你就开始发脾气，怨恨朋友。你为什么不愿意客观地分析一下呢？或许简单地想一想你就会知道这并不符合逻辑，不可能是真实的。冷静客观才能看清事情的本质。

» 接受不同的答案

每一件事都有很多面，不光只有你死心眼认定的那一个。从你的角度看到的是好的一面，或许从别人的角度看到的就不一样，不要固执地认定自己坚持的才是对的，对事物应采取弹性的态度，不要冥顽不灵。

» 先把情绪收起来

很多时候是你预先设下的情绪让你看不清事情的真面目。或许你看到了某人就觉得讨厌，甚至都不管他做了什么。所以任何事都不要主观地加入一些不必要的情绪，要先看清楚再决定该喜还是该忧。

我们常常在生活中因为一点困难和挫折就痛苦得要死要活，但回过头以后就会发现，其实没有那么严重。恐惧的时候告诉自己，我没有那么懦弱；绝望的时候告诉自己，明天还会有希望。当坏情绪困扰你的时候，你不妨和自己说一声"其实事情有可能并不是我想的那样"。

抛开脑海中固有的偏见

叔本华说，"思想家就应该是一个是聋子"。其实他的意思就是，作为一个思想家不应该受到别人的影响，形成偏见。不只是思想家，其实每一个人都应该这样，一旦戴上有色眼镜看人，无论是多么纯洁简单的人，最终也都会被染上五颜六色。

美国南北战争期间，林肯为了稳妥起见，一直任用那些没有缺点的人担任北军的统帅。可事与愿违，在拥有人力物力优势的情况下，他所选拔的这些统帅一个个接连被南军将领打败，有一次甚至差点丢了首都华盛顿。

林肯经过分析，发现南军将领都是一些有明显缺点又同时具有个人特长的人，总司令李将军善用其长，所以能连连取胜。于是林肯决定任命格兰特将军为总司令，但也因此遭到了一些人的非议。

某个委员会的发言人访问林肯时，要求他将格兰特将军免职。林肯吃了一惊，问："原因何在？"该委员会发言人说："因为他喝威士忌喝得太多了。"林肯说："那请你们谁来告诉我，格兰特喝威士忌都是喝什么牌子？我想给我的其他将军每人也送一桶去。"

　　林肯何尝不知道酗酒可能会误大事，但他更清楚，在诸多将领中唯有格兰特将军能够运筹帷幄，是可以决胜千里的帅才。后来的事实也证明，格兰特将军的受命正是南北战争的转折点，也是格兰特将军打败了南部军队总司令罗伯特。

　　后来，有人问林肯该报道讲的这则故事是不是准确无误，林肯说："不，我没有这样说过，但这故事不错，几乎永垂不朽。我可以把这个故事追溯到乔治二世和沃尔夫将军时期：当某些人向乔治抱怨，说沃尔夫是个疯子时，乔治说：'我希望他把某些人咬了才好！'。"

　　所谓用人之长，就是用人不要看他有什么缺点，而是看他能做什么。如果总是盯着他的缺点看的话，你永远都看不到他的优点和特长。哈兹立特有句话："偏见是无知的孩子。"说得一点都不错，"人""扁"为"偏"，人一旦有了偏见，就会把"人"看"扁"，也就"偏"了。整天抱着偏见的人不会有太大的进步，很难获得成功，而且他的偏见还会影响他在其他方面的判断力。

　　每个人都有着自己不同的使命，每个都有自己不同的人生价值，所以我们不能戴着有色眼镜来看待任何人，否则，不仅仅是伤害了别人的自尊，更会将自己的英明毁于一旦。与他人相处时，请拿下自己的有色眼镜，你将会拥有一双明亮的眼睛，它能帮你透过别人的不足，看到别人的优点，你便不会再因为别人小小的过失而斤斤计较，更不会因为以前的一点点摩擦，而轻视了朋友间真诚的友谊。

　　那么我们应该怎么做才能不戴有色眼镜看人呢？

» 正确对待"第一印象"，避免"以貌取人"

每当遇见一个人，我们就会对他产生印象，这个心理过程叫知觉。而"偏见"产生的最初原因即来自于此。很多人在看人的时候，总会"以貌取人"，总觉得这个人长得不够好，所以就觉得他也是一个不怎么样的人。在不知不觉中，其实偏见就已经形成了。

» 不要带着自己的情绪来判断别人

当你处于良好的情绪状态时，在你眼里一切事物都是美好的。可是当你心情极差的时候，可能别人做什么都会惹你心烦，这也是一种偏见。他好不好是客观的，可是如果你加入了主观的考虑，就会有失偏颇。

» 不要以偏概全

没有一个人是十全十美的，所以对待别人的时候不要只看他的缺点，而忽略了他的优点。缺点越突出的人，其优点也可能越突出，有高峰必有低谷。看人要全面，这样才能防止偏见的产生。

我们往往是凭着主观臆断，戴着有色眼镜看人和事，随意猜测，无形中增加了自己的心理负担，要是我们能取下这副有色眼镜，实事求是地调查，抛开脑海中的偏见，细心地分析，就可能得到正确的结论，而且我们的生活也会变得和谐和丰富多彩。

换位思考所带来的启示

换位思考是基本的道德教谕。古往今来，从孔子的"己所不欲，勿施于人"到《马太福音》的"你们愿意别人怎样待你，你们也要怎样待人"，不同地域，不同种族，不同宗教，不同文化的人们，说着大意相同的话。

心理学有一个名词叫"换位心理"。所谓换位心理，即俗话所说的"要想公道，打个颠倒"，它是指人与人之间在心理上互换位置，在人际交往中对所遇到的问题，能设身处地地从对方所处的位置、角度、情境去思考、理解和处理，深刻体察他人潜在的行为动因，不以自己的心态简单地看待问题，对待他人。换位心理，也就是换位思考。

运用心理换位法，就是要打破思维的定式，克服"自我中心"，站在对方的角度上思考问题，从而增加相互间的理解与沟通，防止误解与不良情绪的产生。

无可避免地，谁都会有和他人产生矛盾的时候，这时，只要换位思考，理解对方为什么要这样想，为什么要这样做，采取一些适当的方法，就可以找到满意的答案。

换位思考是人类经过长期博弈，付出惨重代价后总结出的黄金法则。俄国理论家克鲁泡特金在《互助论》中证明：只有互助性强的生物群才能生存。对人类而言，换位思考是互助的前提。社会是一个利益共同体，没有人是一座孤岛，我们不能用自己的左手去伤害右手，我们是同一棵树上的叶和果。

圣诞节前夜，一位商人在地铁出口看见一个衣衫褴褛的人站在路旁，面前放着一个装了几枚硬币的盒子，旁边凌乱地插着一些铅笔。

商人放了几枚硬币在盒子里就匆匆往前赶。走了一会儿，他觉得有些不妥，就转身折回来，他问了问铅笔的售价，拿了几支，并向对方道歉，解释说自己忘记拿了，希望他不要介意。

几年后他们再次相遇时，这个衣衫褴褛的人已经成了富商。他握住商人的手动情地说："您可能不记得我了，我也不知道您的名字，但是，您是我永远也忘不了的人。是您，重新给了我自尊！自从我的生意倒闭以后，我一蹶不振。看上去我是在卖铅笔，可人们都把我当成乞丐来施舍，因此我自己也认为我是一个乞丐！那天，我麻木地看着您丢下硬币，可是没想到您又跑回来了。您的言行告诉我，我不是一个乞丐，而是一名商人！谢谢您让我重新站起来！"

每个人都不希望被看成乞丐，正所谓己所不欲，勿施于人，因此，在开口说话前，我们应该先问自己：自己犯了错时，希望别人批评我吗？不希望！我希望得到原谅。当我做得不好时，我希望别人嘲笑我吗？不希望！我希望得到鼓励。当我遭遇挫折时，我希望别人幸灾乐祸吗？不希望！我希望得到帮助。当我情绪低落时，我希望别人冷落我吗？不希望！我希望得到安慰。当我总是听不懂时，我希望别人觉得我烦吗？不希望！我希望得到耐心。所以当你自己也处在类似情景时，就做你希望别人对你做的事，这才是最有效的沟通技巧。

你有没有这种经历？在你心情很好的时候碰到一个人，这个人上来就说天气有多么糟糕，他的生活多么黯然无光，这个时候，你的大脑会随着他的语言思考，结果，你脑中是一幅幅不愉快的景象，你的心情也会因此而变得莫名压抑。下一次你会尽量避开与这个家伙交流。有些人之所以喜欢抱怨，往往是因为他们害怕别人知道做事不利的根源在于他们自己本身——他们害怕面对问题本身，害怕和别人进行有意义的交流。因此，在这种情况下，我们要试着和别人换位思考，避免坏情绪的恶性循环。

当你学会换位思考的时候，就会在遇到问题时多站在别人的角度来看待，设身处地为他人着想。当我们遇到与他人意见各异的情况时，不妨试着从对方的角度去考虑某些问题，设身处地从对方的角度去思考、去处理问题。有可能某些我们眼看无法调和的冲突在"山重水复疑无路"时，会因为我们的换位思考而进入"柳暗花明又一村"的境界。当我们做到这些的时候，我们就能够更多地理解别人、宽容别人。在生活中，学会换位思考，化干戈为玉帛，化消极为希望，会让我们发现原来生活其实很美好。

如果你想抱怨，那么生活中的一切都能够成为你抱怨的对象；如果你不抱怨，生活中的一切就都会变得美好起来。一味地抱怨不但于事无补，有时还会使事情变得更糟。所以，不管现实怎样，你都不应该抱怨，而要靠自己的努力来改变爱抱怨的心态。如果你已经准备好，请拿出虚怀若谷的胸襟，尝试着换位思考，你会发现，世界原本可以如此美丽，生活原本可以如此丰富，精神原本可以如此充实。

面对攻击、指责与否定时怎么办

"这么简单的错误你都能犯，你这么多年是怎么工作的？"

"这点事情你都办不妥当，你就不能聪明点吗？"

"虎头蛇尾，你做了还不如不做呢！"

……

面对上司、同事甚至是朋友这样的指指点点，你是否会想要反击："你懂什么？"但你由于畏惧于对方的地位或是害怕失去好人缘，而未曾为自己辩解，自己又会感觉委屈与挫败。

其实这种来自身边的指责与否定往往是最破坏心情、对个人伤害最大的。想一下：

你身体不舒服或有其他原因无法赴约时，却被对方指责为不重视、自私；

你尝试向父母讲明白某个道理时，却被对方指责为自以为是；

你选择先去忙自己的事情而没有帮助同事时，被认为眼里只有自己，没有团队精神……

面对这种负面的否定，人往往会有两个反应：一是认可对方的说法，承认自己的确是这样的人，然后产生挫败感；二是马上反击对方，两人因此发生争执，进而感觉到"不被理解"的孤独。

其实所有来自外界的否定、指责与批评，都可以归属于攻击，这种攻击往往会渗透到我们生活的方方面面，令人无法躲避。只要你活着，就势必要去面对他人的批评与指责。

面对攻击时，不管是急着否定攻击还是为攻击进行辩解，其实都是心理学中"被引导"的状态：他人的攻击激发了你的防御本能，你就已经从自己的世界里被他人带走了。换句话来说，你已经被他人的话题所控制——若对方使用的是激将法，或者其目的就是"引导"你，那么毫无疑问，他赢了。

显然，无论哪一种都不是理智的方法：在攻击与反击中，总会有人受伤甚至是两败俱伤，而解除这种攻击的方法，就是重新认识、定义攻击。

» 面对他人的"扣帽子"，进行客观的回想

他人对你所展开的攻击，其实可以被视为是"扣帽子"的过程：对方将看似是你的帽子扣在了你的头上，并给你做了定义：你是怎样一个人。但这只是他的一个定义，至于这一定义是不是真实的你，他说了并不算。

弗洛伊德对这一过程进行过精彩的论述，并以移情、投射与认同进行了归纳：他人对你的否定，可能是其内心的投射，是他对别人不满的一种移情——这完全是他的事情，而要不要认同他的观点，则完全是你的事情。

» 转化与还原，认清反击的本质

当你看到了自己怎样被攻击、怎样被扣上帽子时，转化过程也因此而开始了。

如果这顶帽子并不属于你，你就需要去还原事实：

我并不是一个自私的人，我认为自私应该是在自我时间充足的时候，只顾自己而不顾他人。但我只是在自己的需求与他人需求产生冲突时，选择了先照顾好自己而已。我也并不是一个不负责任的人，因为我的能力有限，所以无法完成工作。那些有能力去完成工作而不去完成的人，才是真正的不负责任。

在还原的过程中可以发现：你依然渴望从他人那里得到认可与尊重。这是一种力的反冲：当他人开始攻击你时，你会马上感觉到自己不被认可与尊重。这种感觉会让你感到沮丧、失望。但是，如果你将改变对方的言论视为满足自我渴望的方式时，你往往会变得更失望，因为他人的做法与举动并不会因为你的渴望而改变。

当你认清楚了这点后会意识到，你不可能也不必让所有人都来称赞你、认可你——你需要的只是自己认可自己，而这种来自自我内心的认可会让你感觉到莫大的欣慰与满足。

» 尽力满足他人的渴望与期待

认清了他人攻击的事实、实现了自我满足以后，你应该尝试着好奇："那个否定我的人在期待什么？"

第一种是对方对你抱有更大期待。其实，静心地想一下，你便会知道：那个指责你不够努力的上司，其实是在期待你可以做得更好一些，而不是真的想要彻底地否定你。站在这一角度来看，他的指责会变成"督促"，你自然不应反过来去反击、否定他。

第二种是对方在印证自我尊严。有些时候，某些人在打击、指责他人时，只是为了维护一下自己可怜的自尊；他们通过找出他人的一点毛病，来显示自己的价值——心理学认为，这种通过指责他人来获得认可的方式其实是一种变相的自卑。

对于抱有如此自卑心理的人，给他想要的又何妨呢？不管他说的话是否有参考价值，你都可以尊重他满足自我价值感的方式，并接纳这样一个真实的他。因为若你可以尊重他满足自我价值的方式，你就可以促进这段关系的后续发展。

这就是事实：当你愿意肯定自己，且不需要任何人来证明你的价值时，你就会更坦然地去面对这些攻击；当你施以感激与接纳时，你就可以收获一段更近的关系——而凭借着自己对自己的认可与肯定，你会进一步稳固自己内在的能力，而不会轻易地被他人的言语所影响。站在这一角度上来说，每一次攻击都是一种洗礼。

借助"情绪传递力"

如果你正在领导一个团队，或者身为团队中的一分子，你一定可以感受到"情绪传递力"有多么大的力量！

你懒洋洋地走进公司，想趴在桌上小睡一觉，因为昨晚你打了通宵的电子游戏，身体疲惫极了。但是你无法这样做，因为所有的人都在拼命工作，他们比你早来半个小时，现在已经进入了一种拼命向前冲的工作状态。此时，相信你像被浇了一盆凉水一样，马上变得像他们一样兴奋，融入团队的积极氛围之中！

是的，无论是积极还是消极的氛围，它都会影响人。而身为高效能人士的你，最重要的就是学会营造这种氛围的能力。值得注意的是，这种氛围营造能力往往源自人的情绪传递力，而人的情绪传递力需要从舍弃"不擅长"的事物开始做起。

》必须要有舍弃"不擅长"的事物的决心

在营造情绪传达力时，最重要的就是接受来自他人的批评指教。会指责你在某些领域不擅长的人，通常是对该领域很擅长的人，所以他们完全不能理解你为什么会对那个领域那么不熟悉。不过，如果很多人指责的都是同样的领域，就表示该领域对我们来说，不管投入再多的追加成本，能得到的报酬可能还是少得可怜，即所谓的

"不可靠近的危险地带"。

对于这种"危险地带"，你反而应该要提高警戒才行。要是搞不清楚状况，把原本应该要投入擅长领域的时间投入危险地带的话，不仅难以创造成效，还会让人觉得焦躁难安。

» 将不容易回答的话题带往自己期望表达的方向

管理者会有向员工下达命令或是接受员工咨询的时刻，在这种时候，难免会有一些很难回答的问题出现。此时，你应针对自己想表达的意见事先做好准备，一旦抓到可自由表达的机会，就一定要勇敢地把话题往自己想表达的方向带。

此外，还有一个重点，提出自己的主张时，不能只从主观的角度出发，即使要反驳对方的主张，也必须站在客观的角度，再利用大量的证据进行证明，让对方知道除了他们的观点之外，还存在着其他的看法。如果不这么做的话，双方永远只会公说公有理、婆说婆有理，讨论将永远只是两条没交集的平行线。

» 经常意识到个人的"影响范围"

如果想要更深入了解人如何对他人产生影响，你就有必要了解一下"影响范围"的思考模式，这种思考模式简单来说，就是在空间中，自己可以发挥出多大的影响力；或者一旦把关心的重点放在被他人控制的地方，自己将会累积多少压力。

为了能巧妙地生活在压力适当的环境中，就必须让自己做的每件事都不是无用功。也就是说，你要让自己的努力通过具体成果展现出来。如此一来，周围的人会表现认可，自己的自尊心也可以获得满足。然而，如果把你的成果交由旁人打分数，成果的影响范围就会缩小，很容易让你产生无力感，你也会丧失努力的原动力。

因此，首先你应把精力移动至自己影响的范围内，再巧妙地发挥你的影响力，使他人感受到你的情绪能量。

» 尝试着反问："既然如此，你觉得这么做如何？"

为了使积极的情绪进一步传递到对方的身上，你一定要清楚地了解对方，也必须了解自己，同时考虑双方的思考模式后，提出具有创造性的建议："既然如此，你觉得这么做如何？"这才能算是真正进行了情绪能量传递。

情绪能量传递行为就跟挑食一样，很多人会觉得"以前没做过，所以不敢尝试"。事实上，只要反过来思考就会明白根本没什么好怕的。当对方提出具有建设性且简单易懂的方案时，我们不要断然拒绝，考虑一下是不是对方帮我们考虑到自己没顾虑到的地方。只要对方不是心胸狭窄、目光短浅的人，他应该也会觉得面对一个有话直说的管理者是件庆幸的事。

举例来说，当我们在选择下属或合作伙伴等往来对象时，通常会有"仔细挑选一个顺眼的人"的想法。因为无论是下属，还是有可能深交一辈子的合作伙伴，其实都是从无数的候选人中选出来的。在这些人选里，有些人可能无论如何都跟你合不来，也有些人可能只是被动地反应。若勉强自己跟这类人交往，就算关心的范围再大，你也无法将积极的情绪传递给他们，只会持续增加彼此的压力罢了。

正因如此，你必须要明白：情绪能量的传递并非万灵丹，因此，你应认清自己需要努力到何种程度，也要拥有超过这个程度就要放弃的魄力，这样才能更好地发挥自己身上的情绪能量。

立足情绪需求，进行理性沟通

假设你现在并不是一位高效能的管理者，而是一项新项目的员工。在这个仅有五个人的团队中，为了早日达成工作目标，你每天都要工作 12 ～ 16 个小时。此时，你愿意从团队伙伴那里听到什么样的问题？

A. 这周你的工作能完成吗？

B. 在本周 ×× 任务的最后期限到达以前，你有什么需要吗？

很显然，后一种问法会让你更愿意接受，同时你也会注意到"最后期限"的时限问题，从而调整自我工作进程。

A 问题是封闭性的问题，它需要被提问人简单地回答"是"或者"不是"，而无须阐述详细内容或者表达任何情感。虽然这样的回答可以给提问人肯定或者否定的答案，但是，这却很容易激起回答者的紧张感与怒气。

相比之下，B 问题便显得柔和了很多。提问人肯定了被提问人已经完成的工作，并愿意为其提供进一步的帮助。这一答案肯定比"是"或者"不是"的答案更好，因为它寻求的是更有价值的信息——虽然你依然需要花时间完成手头的任务，但是，你会有一种自己被尊重的感觉。

为了追求更高的效能，你很可能并未意识到，自己的思维被固化了。随着时间的推移，绝大多数的高效能人士会担心发生一些事情，让团队内的其他人不高兴，比如说最后期限来临、决策错误、用人失误等。久而久之，这种焦虑感会改变你与人对话的方式：你说话的句子会变短，需要对方立即给出答案。

理性的沟通会使我们重新构建情绪表达的框架。这种沟通也可以被称为"善意沟通"，它的目的是让员工获得功能性的给予与获取，如果练习得当的话，它可以取代大脑中下意识的反应。

理性沟通是一种像习惯一样可以习得的沟通方式。不过，想要真正学会理性沟通必须要掌握以下四点：

» 学会细细地观察

在有事情发生时，用眼睛去看，观察在现在的工作环境中到底发生了什么事情：他人说了什么？他们的话语是否与行动一致？然后，你在脑子里记下这些观察结果，不必为它们定性，等到日后再进行判断或者评估。

要注意，你要说出自己看到的内容，而不是脑海中想的内容，比如，你应说"我听到他说……"，而不是"我认为他……"。前者是客观事实的描述，而后者很可能是你通过想象杜撰出来的内容。

在进行观察时，人们往往会禁锢在预设的思维中。由于已经对看到与听到的东西有了自己的判断，因此我们往往会不由自主地在沟通中被预设的思维干扰。

» 进行情绪自查

在冲突发生的当下，对自己的情绪展开自查，找出一些可以描述你当下感觉的词语，比如，受挫、害怕、生气等，找到那些可以描述你体验的词语，比如，"我感觉有些累，因为……""这件事情发生时，我感觉到……"。

如果在描述的过程中，你使用了贬低的词语，说出了一些非亲耳听到的内容，那么，这样的词语都是在暗示：有人在对你做一些不好的或者负面的事情。其实这些词语对相互了解、促进冲突解决没有丝毫好处。

» 找到能让自己舒服的需求

根据你找出的描述情绪的词汇，列出存在这些情绪的原因：例如，工作中哪些方面让我感觉不舒服呢？是工作空间，还是工作上缺乏支持？然后写出能够让自己保持积极、前进状态的需求，比如，"因为我看重工作中获得的快乐，所以我需要……"等，只有找到了能让自己舒服的需求，才能真正对症下药。

» 提出自己的请求

需求与请求实际上并不相同，需求是缺失的那一部分，而请求是你想要得到的那一部分。一般来说，通过提出请求，你会从他人那里寻找到一些东西，并以此来使自己的工作、生活更加丰富。

想要让自己的需求得到满足，最好的办法就是把握好问题的自由度与灵活度。比如，"我在考虑，是不是可以……"以及"不知道你愿不愿意……"等。

在这四个步骤中观察是最重要的，因为从观察到判断往往就发生在一瞬间。举例来讲："简娜这一次开会又迟到了，事实上，简娜在很多重要会议上都曾经迟到过。"这种想法是你的眼睛亲自观察到的结果，但是你很容易不小心掉入"简娜不尊重自己的同事"或者"简娜不重视自己的工作"的陷阱之中——这就不是观察了，而是大脑自己做出的判断。

如果想要阐述观察的结果，那就必须要基于事实。只有所有人都认可的事实，才能让你的观察有益于效能提升：简娜与你都认为她开会迟到了，这是客观的、不容辩解的事实，但是，在你开始对简娜迟到的原因进行判断以前，你应该给她一个机会来解释。

你可以这样说："当你开会迟到时，我会感觉你对时间不够重视。""当你开会迟到时，我会感觉你并不重视公司今年的首个开年大项目。"如此一来，便给了简娜空间与机会来提供新的信息。简娜也许会说："对不起，因为一位重要的客户对我们产品的售后服务质量不满意，所以我迟到了，不好意思，给各位添麻烦了。"

当她做出了解释后，你会发现：现在，团队成员遇到了一个有碍效能提升的重要问题，眼下，你们可以一起来解决这一问题。

情绪选择：
学会选择情绪就能改变心境

　　有些人在情绪中感受到了生命的美丽，并将美丽带到了世界上的每一个角落；有些人在情绪中受到了鼓舞，并将这种鼓舞带给了所有与自己交流的人；有些人则在现实的打击中不断沦落，让自己的人生充满了黑色，也让他人唯恐避之不及——你要选择成为哪种人，你需要哪种力量来左右自己的人生，决定权在你手上。

狭隘的思维会带来痛苦

你是否曾有这样的情况：在学习生活中因为一点点挫折或失败而寝食难安；听到别人说你的坏话后长时间耿耿于怀；只和少数几个想法一致的朋友交往；不愿接受与自己意见有分歧或比自己强的人……如果有的话，你很可能是个心胸不太开阔，有些狭隘的人。

所谓狭隘，即人们常说的气量小。在思想上表现为：稍遇委屈或吃了很小的亏便斤斤计较、耿耿于怀。在行为上表现为：人际交往面窄，只同与自己一致或不如自己的人交往，看不惯那些比自己强的或与自己意见相左的人。

狭隘滋生了许多不良心理，诸如自私、攀比、嫉妒、猜疑、孤僻等。心胸狭隘的人，喜欢听他人对自己的赞美，难以接受别人的批评。他们遇到挫折时，往往会怨天尤人，会将责任推给他人。因为心胸狭窄，他们在生活中极易与他人产生矛盾和冲突，甚至会有过激行为，对家庭和社会都会造成一定的伤害。

狭隘心理的危害如此之大，那么，有什么好办法将其克服呢？

》要想得开

他人对你存在非议，你大可不必理会。遇到困难了，忍一忍，再坚持一下，或许就有转机。

» 要想得远

把眼光放远一些，告诉自己吃点小亏也不算什么，这样对整体、全局有利的人与事就都能容纳与接受。抛开"以自我为中心"，就不会遇事斤斤计较了。

» 要走出自己的小圈子，融"小我"于"大我"之中，广结良缘

只有热情、坦率地交友，虚心向别人学习，自己才能发展进步，也才能更深刻地了解自己和他人。

» 要学会忍让

"忍一时风平浪静，退一步海阔天空。"遇到冲突时，要退一步，即使自己有理，也不要咄咄逼人；即使他人犯了一些无法挽回的错误，也不应时时牢记在心，要学会忘却。

狭隘往往使人偏见丛生，可能会把未来对你事业有所帮助的人推到敌对的立场。你要知道，在生活中矛盾与纠葛在所难免。很多时候，别人无意之中可能会侵害了你的利益或荣誉，伤害了你的心。此时，你要明白，怨恨帮不了你，只会使你在怨恨的泥淖中越陷越深，只有心胸宽广才能让自己释然。

第一次登陆月球的宇航员共有两位，除了大家都熟知的阿姆斯特朗外，还有一位是奥德伦。当时阿姆斯特朗所说的一句话"我个人的一小步，是全人类的一大步"早已成为全世界家喻户晓的名言。

在庆祝登陆月球成功的记者会中，有一个记者突然问了奥德伦一个很特别的问题："由阿姆斯特朗先下去，成为登陆月球的第一个人，你会不会觉得有些遗憾？"

在全场有点尴尬的气氛下，奥德伦很有风度地回答："各位千万别忘了，回到地球时，我可是最先出太空舱的。"他笑着说，"所以我是由别的星球来到地球的第一人。"大家在笑声中，都给予他最热烈的掌声。

不记恨，你的胸怀才能坦荡，否则，仇恨会将你变得面目可憎。遇到不如意的事，不要哭泣，不要抱怨，不要愤怒，而要去解决。对待一些委屈和难堪的遭遇，尽量用健康积极的态度去化解这一切。

在生活中，有些人心胸狭隘，处处伤人，结果和同事、朋友等都有矛盾，给自己生活带来痛苦的同时也给别人带去了伤害。抛却狭隘，以一颗宽容的心去对待别人，才是潇洒明智之举。

一个智者和一个朋友一起去旅行。经过一处山谷时，智者失足滑落，幸而朋友拼命拉他，才将他救起。于是，智者在附近的大石头上刻下了一行字：某年某月某日，某某朋友救了某某一命。两个人继续走了几天，来到河边，朋友跟智者为了一件小事吵起来，朋友一气之下打了智者一个耳光，于是智者跑到沙滩上写下了一行字：某年某月某日，某某朋友打某某一个耳光。有人好奇地问智者为什么要把朋友救他的事刻在石头上，而将朋友打他的事写在沙滩上。智者回答道："我永远都感激朋友救我，至于他打我的事，我会随着沙滩上字迹的消失而忘得一干二净。"

俗话说，"得饶人处且饶人""大肚能容，容天下万事"。在现实生活中，人们之间难免会出现摩擦和冲突，如果互不相让，得理不饶人，不仅解决不了矛盾，还会惹怒对方，引起更大的冲突。

"人非圣贤，孰能无过？"生气是拿别人的错误惩罚自己，而宽容则是自我解救的一种方式。如果一个人始终生活在愤怒当中，那么他不仅得不到本应属于他的快乐，甚至还会让自己变得冷漠、无情和残酷，后果是相当可怕的。

其实，宽容是一种境界，更是人生的一首诗。宽容的含义也不仅仅指人与人之间的理解和关爱，更是内心对天地间一切生命产生的博爱。告别狭隘之心，用宽容之心包容一切，是我们每个人生活中的一件大事，整天被不满、怨恨心理所控制的人是最痛苦的。学会宽容，也就是学会了爱自己。

远离过度情绪化行为

哈佛大学曾经对 1600 名心脏病患者进行过调查，并发现，他们中的某些人经常处于过度焦虑的状态中，过度情绪化使他们的心脏比一般人更加脆弱，同时也使他们无力去承担情绪所带来的严重后果，并最终沦为情绪的奴隶。

情绪化主要是指由于受到了某件事或者某些人的影响，过于让自己随着喜怒哀乐来做事，主要表现为容易激动、做事总是不想后果等。有些人会误将冲动认为是力量，但事实上，冲动的情绪是最无力的情绪，同时也是最具有破坏力的情绪，许多人都会因为情绪过于冲动，而让自己做出后悔不已的事情。

在 1963 年的某个炎热午后，查理·罗伯斯决定再干自己人生的最后一票。由于沉溺海洛因的缘故，罗伯斯曾经行窃不下百次。当时的他正处于假释出狱期间。他向法官保证，自己将会改过自新。但是，他的孩子与老婆需要生活费。

当天，在他行窃的公寓里住着两名年轻的女子，她们分别是在《新闻周刊》工作的珍妮丝和她的小学老师艾米丽。当时罗伯斯特意挑选一处高级住宅区，是因为在这个上班的点上，不会有人在家。

但没有想到的是，那一天，珍妮丝并没有去上班。罗伯斯拿着刀子对这个可怜的女人进行威吓，并且还将她绑了起来，不过当时他还并没有杀害她的想法。当他搜刮完毕，准备离开的时候，恰巧艾米丽也回来了，罗伯斯也将她绑了起来……

多年以后，罗伯斯再次回忆起自己情绪化的那一瞬间，依然记忆犹新。当时，珍妮丝威胁他：她会永远铭记他的长相，而且一定不会放过他，并会协助警方将他逮捕。罗伯斯一听这话便惊慌了起来。他的身体在盛怒与恐惧之下失去了控制，他抓起了汽水瓶将两个女人打昏，惊怒下又将她们乱刀砍死。

这件命案曾经轰动一时，被媒体称为"上班女郎命案"。在监狱中的30年时间里，罗伯斯一直在后悔当时的行为。

有些人只要情绪一来，便会陷入什么都不顾的情况，什么难听的话都敢说，什么伤人的话都敢骂，甚至还会在冲动的情绪下做出严重的违法乱纪行为。

一般而言，人的情绪化行为会呈现以下特征：

» 行为的无理智性

人与其他动物的最大区别就在于：人的行为具有理智性。但是，当陷入过度的情绪化中时，人往往会表现出跟着感觉走、跟着情绪走的状态。在这一时段内，他们的行为总是显得不够成熟，过于浮于表面。甚至有时候，还会表现出对他人的过度依赖。

» 行为的冲动性

人的行为本身应受到意识能动性的调节与支配，个人的情绪化行为可以充分地反映出个人意志控制能力的强弱。一遇到什么不称心与不顺意的事情时，某些人便会像被打足了气的球一样，立即让自己爆发。带有极强感情色彩的行为会非常有力量，一旦紧张性被释放，其冲动性行为便会随之到来，而这种冲动性行为往往会带来某种极为严重的破坏性后果。

» 行为的攻击性

过度情绪化的人忍受挫折的能力极低，很容易将自己受到挫折时产生的愤怒情绪表现出来，并不断地向他人发起攻击。这种攻击，并不一定会以行为动作的方式出现，也可以以语言、表情的方式出现：如不明不白地对他人进行讽刺与挖苦、故意让他人下不了台、在脸色上让他人难堪等。

也正是情绪性行为的上述特点，使得这种人往往会成为社会的不稳定因素。想要控制自己的情绪化行为，你应该：

» 对自我欲望进行控制

人的情绪化行为大多与自我欲望得不到满足有着密切的关系，一旦欲望与行为联系在一起，个人行为便会凸显出简单、浅显的一面。人在"索取多、付出少"这样的非正常心态下，很可能会产生情绪化行为。因此，学会降低过高的期望，学会正确认识"付出与收获"的关系，才能防止情绪化行为的出现。

» 提高自己的自控能力

情绪化的行为与自控能力的高低也有着直接的联系，而自控能力的高低其实就是个人成熟度的关键指标。强化自控力可以使行为变得更加理智，而有效地培养自控能力有两个途径：培养延迟满足感，尽量使延迟满足的结果比即时满足的结果更令自我得到丰富；培养应对挫折的能力，需要无法被满足便会形成挫折，平日里，个人应该通过改善情境、降低期望值等手段，来降低挫折诱发的情绪化倾向，从而间接提高自控水平。

当个人处于困境中时，很容易会产生不良情绪，而且，这种不良情绪在长期压抑的情况下，很容易产生情绪化的行为。人要学会正确地宣泄不满，才能让自己有效地摆脱痛苦。

告别恐惧，有时只需要信任

身为情感动物，人类需要情感的温暖与抚慰。人与人之间的情感交流，是个人幸福与快乐的重要媒介，更是整个人类社会赖以生存与发展的基础。作为社会中的自然人，每一个人都有义务去相信他人，也有权利受到他人的信任。因此，人与人之间的相互信任应该是情感交流的出发点与落脚点，而在这一过程中，慎重的判断与选择是必需的，考核与验证也是一种必要。

在哈佛的课堂上，教授奥尔格先生曾经给自己的学生上过一堂有关信任的课程。

奥尔格先生问所有在座的学生："什么才是人与人之间真正的信任？"同学们给出了五花八门的答案。奥尔格先生在听到这些见解以后，并没有发表自己的看法，而是将话锋一转，突然向同学们解释起了物理学上著名的"钟摆原理"：钟摆总是由最高点往下运动的，它来回摆动的高度绝对不会高于这一最高点，由于重力与摩擦力的影响，它的摆动幅度也会越来越小，直到最后完全处于静止状态。

这一理论对于在座的哈佛学子们而言，当然是最基本的物理原理，他们也完全明白。

此时，奥尔格先生向大家发问：是否相信他，是否相信钟摆原理。所有的同学都举手说自己相信。在得到了同学们的肯定回答以后，奥尔格先生让人从外面抬入了一口硕大的钟，并让人将它悬挂在了教室的钢筋横梁上。接着，他请一位同学坐到了椅子上，奥尔格先生将大钟推到了距离这位同学的鼻子只有2.5厘米的地方。在一切就绪以后，他再一次解释了钟摆原理，同时指出："这口大钟的重量为123千克，我在距离这位同学鼻子2.5厘米处将钟摆放开，当钟摆再次摆回的时候，离他的鼻子只会有2.5厘米的距离，当然，钟摆绝对不会撞到他！"

随后，奥尔格先生看着那位同学问道："你相信这一原理吗？你信任我吗？"那位被选中的同学虽然面色紧张，但最终点了点头。

当奥尔格先生放了钟摆以后，伴随着呼呼的声音，这一庞然大物从最高点向着斜下方迅速坠落，摆向了另一边。在到达另一端的最高点以后，又突然往回摆动，不断逼近那位同学坐着的地方。

在几十双眼睛的注视下，这位同学大叫一声，在钟摆还未靠近自己的时候，从椅子上一跃而起，避开了那个似乎要将他撞得头破血流的重物。随后，大家看到，钟摆在离椅子不远的地方停住了，接着又摆了回去。所有人都可以看到，钟摆根本不会撞到那个同学——如果当时他还坐在那里的话。

此时，课堂上一片寂静，奥尔格先生问道："请问，他是否相信钟摆原理？是否相信我？"所有人都回答道："不！"

也许，从这个故事中，你会对"什么是信任"拥有新的理解。信任是一种生命的感受，更是一种高尚的情操，同时也是一种连接人与人之间关键联系的纽带。但可悲的是，在这个欲望横流的年代里，情感的交流逐渐地演变成了利益上的交换，彼此信任也变成了极其奢侈的事情。

在过去的多年里，人类文明一直对信任的作用给予极高的评价，将信任誉为是维持经济之轮不断向前、增进人际关系的强效润滑剂。但是，在如今的商业世界中，欺骗与贪婪早已走出了人们的想象，我们应该如何在这样的一个世界中信任他人呢？

» 从小事做起

所有的信任都不可避免地会带来风险与危机，你所要做的就是将风险保持在合理的水平上。你可以从一些培养互惠关系的小举动开始，逐渐地建立起牢固的互信关系。在 20 世纪 80 年代里，惠普公司曾经推出过一项这样的举措：允许工程师们在必要时将公司的设备带回家中使用，而无须通过各种复杂的手续。公司在此举中表现出了强烈的信任，而员工们也给予了令人满意的回馈：没有人辜负这种信任。

» 发出更强有力的信号

想要他人信任自己，你需要发出更清楚的信号，以让他人明了，自己是诚实的、可靠的。与此同时，我们还应对那些背信弃义的举动进行有力的回击，让对方知道我们并不是软弱可欺的。

» 保持长期的警觉

许多人在交往初期都会对对方的可信度进行考察，但问题的关键在于，他们并没有将这种考察持之以恒。而这一切仅仅是因为他们认为：对自己信任的人还要进行质疑，会让自己在心理上感到不自在。但事实上，若事情关系到我们的身心健康与财务安全，这样的警觉就是非常必要的。

不管是在何种人际关系中，信任总是建立良好人际关系的重要基石，它让我们拥有勇气去面对一切未知事物，更有勇气去抗击恐惧。但是对于个人而言，误信他人则有可能导致极大的麻烦。想要让信任变得更安全，你便要学会正确而聪明地运用信任，而这种信任往往需要你保持足够的谨慎才能获得。

不好的事情总是被坏念头吸引

日常生活中经常会遇到这种情景：走路时碰巧遇到朋友，你去跟他打招呼，他却没有理你。你可能会认为他瞧不起你，也可能会认为他着急去做某件事而没有注意到你。前面一种想法，会让你觉得自己受到了轻视，从而产生不愉快的情绪。

人的情绪反应，完全取决于人内心的念头，所以千万不要让不好的事情被坏念头吸引，要做一个乐观向上的人。

头脑中一闪而过的念头在心理学上称为自动思维。大部分时候，人意识不到自动思维的存在，它却决定着人的情绪和行动。人类自动思维的活动方式可以用 ABC 模型来表示：A 指情景，B 指解释，C 指反应。通常情况下人能够看到情景 A 和反应 C，却觉察不出潜在的解释 B。人通常认为是情境本身引起了情绪和生理反应，但事实上是在自动思维的指导下，人对情境的解释所引发的。

在遇到不好的事情时，人对情景的解释，很多都是消极的非理性信念。在心理学上，消极的非理性信念是指人们常常把一些有害的、歪曲的想法，作为一个不容辩驳的真理来对待。在遇见不好的事情时，消极的非理性信念就会马上跳出来，从而让人失去辨别是非的能力。

有一个青年，他扬帆出海到另一个地方去。但不幸的是，在船快要到达终点时，海上突然刮起了暴风。船无法承受这么大的暴风，在巨大的风浪中沉了下去。不过老天爷对他还算优厚，这位青年并没有死而是被巨大的风浪冲到了一座荒岛上。之后的每一天，他都翘首以盼，希望有船来能将他救出。然而，随着日子一天天地过去，他始终没有见到船的影子，也渐渐对此不再抱有希望了。为了活下去，他不得不砍来一些树枝，简单地给自己搭建了一个躲避风雨的"家"。

有一天当他外出寻找食物时，竟忘记了熄灭"家"中的火，在他走后，一场大火顷刻间把他的"家"化为了灰烬。等他回来时，看到的只是滚滚浓烟消散在空中，他悲痛交加，眼里充满了绝望，觉得自己再也没法活下去了。当他还沉浸在痛苦中时，一艘大船驶来，船员把他救上了船。他十分好奇自己是如何被发现的，就向船员问道："这么长时间了都没有人发现我，你们是怎么知道我在这里的？"船员回答说："我们看见了熊熊燃烧的大火，料想这里可能有人被困，就把船开了过来，等船到岸边时就发现了你。"青年听后，简直不敢相信竟是那场大火救了他。

其实想一想，人世间的许多事情不也是同样意想不到吗？恐怕连他自己也不会想到，一场灾难居然招来了幸运之神，所以，遇到不好的事情时不要总是被坏念头吸引，要往好的方面想，要相信上帝在关上一扇门的时候，一定会为你打开一扇窗。

心理学上有一种概念叫"期望强度"，就是说一个人在实现自己期望达成的预定目标过程中，面对各种困难与挑战所能承受的心理限度。那些"期望强度"低的人，在面对不好的事情时总是被坏念头吸引，很难完成自己的目标。而那些"期望强度"高的人，在困难面前会越挫越勇，坚持实现自己的目标。

为了不让不好的事情被坏念头吸引，应该怎么做呢？

» 保持乐观向上的心态

人生的成功与失败、快乐与忧愁、幸福与痛苦，都是由人的内心决定的。消极心态像一剂慢性毒药，会摧毁人的信心，使希望泯灭。看不到希望就不会有动力，就会离成功越来越远。在痛苦、失败、忧愁面前，只有保持积极向上的心态，控制好自己的情绪，理智做事，这样才能点燃希望之火，才能有机会转危为安。

» 拥有正确积极的信念力

信念力可以成就一个人，也可以毁灭一个人。所以，要拥有正确的、积极的信念力，摒弃消极的、不利的信念力。当遇到不好的事情时，信念力可以指引我们正确行动，挖掘自己的内在潜能，从而妥善解决人生中遇到的各种难题。有什么样的人生完全取决于自己。当人们与正确积极的信念力并肩前行时，就会拥有快乐美好的人生。

» 拥有对抗逆境的勇气

"逆境"带给人们磨难和痛苦，更带来失败和消极。逆境并不是某个人的专有名词，而是属于大众的。在面临逆境时不要退缩，要拥有对抗逆境的勇气，要始终相信自己的能力。一个人成熟的标志就是能够有勇气面对一切事情，不会选择逃避更不会退缩。

其实，"悲观看福"是一种比"乐观看福"更难培养的心态。

很多人在灾难面前往往会被坏念头吸引，只能看到祸害中的悲惨，很难从另一个侧面看到悲惨背后的万幸。人们常说一句话："凡事有弊必有利。"我们在不好的事情面前不要总被坏念头吸引，要往好的方面去想。"绝处逢生"不是一个不能实现的名词，只要找到突破口，任何困难都会有转机。

热忱可以帮你战胜苦闷

人际关系大师卡耐基对热忱抱有极高的评价：你若有信仰，你便年轻，疑惑便年老；你若有自信，你便年轻，畏惧便年老；你若有希望，你便年轻，绝望便年老；岁月使你的皮肤起皱，但是若是失去了热忱，你便损伤了灵魂。哈佛教授奥里森·马登也曾经说过："让自己满怀热忱地面对生活，是你在做任何事情时都必须具备的品质，因为唯有热忱，你才能全身心地投入，才能将事情做好。"可以说，在哈佛中，热忱是一种备受推崇的情绪，所有的哈佛学子都认为：若你期望获得这个世界上最大的奖赏，你便必须要拥有最伟大的献身精神。

美国波士顿有一支并不太出色的棒球队，一直以来，他们只拥有极少的观众，对他们表示支持的力量也非常少，由于缺乏动力，他们的表现也总是差强人意。后来，这支球队转到了密尔沃基，这里的市民对这支新来的球队表现出了令人难以置信的高涨热情，每一次比赛时，整个棒球场里面都挤满了人，大家对这支队伍表现出了格外的关心，而且一致相信，这个队一定能够在日后的比赛中获得胜利。

市民的信任与热情令这支棒球队受到了极大的鼓舞。那一年，他们的表现极为出色，次年，他们便荣登了美国棒球联赛的冠军位置。观众给予的热情为这支棒球队注入了全新的血液，使他们创造了奇迹。

与其说成功是由个人决定的，倒不如说它是取决于个人的热忱度。这个世界总是会为那些具有极强自信心与使命感的人大开绿灯。因为一直到生命终结为止，他们的热情也不会减少。不管在未来出现了怎样的困难，也不管前途看起来是多么黯淡无光，他们总是坚信，自己拥有将心目中的理想图景进一步变为现实的能力。

热忱是一种能够分享、可以复制的精神，是一项分给别人之后反而会增加的资产。你付出得越多，便会得到越多。生命中最为巨大的奖励并非来自财富的积累，而是来自由热忱所带来的精神上的满足。那些可以将自己的人生经营得极为出色的人，都拥有对生活、对事业的极度热忱。即使将两个拥有完全相同才能的人放在一起，最终获得成功的人也只会是那个更具有热情的人。一方面，热情是一种自发性的力量；另一方面，它也可以帮助你集中全身力量去投身于某一事件，令你获得持续不断的动力。

面对现实残酷的打击，我们难免会因为身心过度疲惫而失去对生活的兴趣，那么，究竟怎样才能让自己在获得充沛精力的同时，以最大的激情去面对生活呢？下面是几种能够让我们有效保持激情与热忱的方法：

» 随时保持积极乐观的心态

当一个人在开心的时候，身体里面也会随之产生一种神奇的变化，我们就可以从中获取更多的动力和力量。只有随时保持积极乐观的心态，才可以在工作中精力充沛、充满激情，才能更好地实现每一个目标。

» 要调高自我的视线，将自我目标放远

在日常工作中，很多人总是达不到自己所追求的目标，原因就在于他们给自己定下的目标不是太小，就是太过模糊不清，以至于失去了自己前进的动力。所以，如果你当前的目标已经不能再激发出你的想象力，那么目标的实现同样也会变得遥遥无期。因此，只有为自己确立一个宏伟而又实际的远大目标，才会真正激发出你的全部活力。

» 根据工作频率，为自己做好调整计划

现实生活的道路并非都是平坦大道，它总是会呈现出一条波浪线，有起也有落，工作也是如此。你可以为自己规划一个合理的时间表，并清晰标出留给自己放松和调整的时间。因为只有当你为自己安排好合理的休整点，你才能在自己处于事业动荡期时，仍然能满怀激情地面对工作。

» 时刻拥有良好的感觉

很多人普遍认为，一个人在工作中达到某个目标的时候，身心就会感到无比愉悦。也就是说，面对工作时，我们要让自己先拥有良好的感觉，这样才能在塑造自我的过程中，时刻保持积极乐观的心态，让激情源源不断地呈现出来。

» 要勇敢地竞争，快乐地竞争

竞争可以带给我们很多宝贵的经验，无论你是一个多么出色的人，都要时刻记得"天外有天，人外有人"的道理。或者说，你需要学会谦虚，在更深层次认识自己的同时也要努力胜过别人。而且要以快乐的心态去面对竞争，因为任何时候超越别人远远没有超越自己更重要。

其实，让生活时刻保持兴奋状态，关键就在于个人是否拥有热忱，唯有当你满怀激情地投入到生活中时，生活才会反馈给你相应的利益与快乐。所以，别畏惧激情与热忱，让自己加入对生活保持积极的状态中来吧！若有人以半轻视、半怜悯的语调将你称为狂热分子，就让他去说吧！因为全身心投入生活所赢得的奇迹永远属于那些保有热忱的人。

用调整代替排斥，让紧张变成谨慎

你因为在入职以后业务量遥遥领先于他人，所以一向都是公司里的佼佼者。在众人的认可中，你一直自信而乐观地活着。上班时，用积极的工作态度去面对一切；下班之后便去参加各种培训班来提升自己的能力。但近段时间，你却发现自己陷入了一种经常性的紧张之中。

公司里新招聘来了一批名牌大学的实习生，对于你所在的这种大型外企来说，招聘是经常进行的。可是，一次性地聘任如此多的名牌院校生，这还是你入职以来的第一次。公司规定，若是实习生在实习期间表现出众的话，便能够直接签订劳动合同，所以他们在工作中表现得非常积极。这使你一下子感受到了前所未有的压力：你本身就对自己是一名普通大专生而感觉自卑，总公司一下子招入这么多大学生，很明显是为了使日后的干部储备更加优秀。一想到升职又变得阻力重重，你便再不能平心静气地专注于本职工作了。

看着身边的竞争对手越来越多、越来越出色，你发现，自己现在很容易出现情绪上的反感。因为经常担心无法完成规定的工作量，你开始经常性地加班。可这种加班非但没有让你获得安全感，反而让你在白天变得精神状态更不佳。

　　心理长时期处于紧张情绪之下，你终于在一件小事上彻底爆发了：在面对一名实习生的小错误时，你小题大做地向对方表达了自己的不满。虽然这位实习生表面并没有说什么，可是，在私下里，大家却都开始议论起你最近的反常行为了。你也知道自己再这样下去就完了，可是，你却并不知道该如何缓解这种紧张的情绪。

　　面对这种情况，我们应该怎么办呢？

» 摆脱身上的"齐氏效应"

　　"齐氏效应"是指在职场中，人们因为面临了过大的压力而出现的过度紧张的情绪。这一说法来源于法国心理学家齐加尼克：他曾经将一批学生分为两组人，并要求他们在相同的时间里去完成同样数目的工作。一组人由于干扰而未能完成工作，而另一组人则在安静的环境中顺利地完成了工作。在实验结束时，那些没有完成工作者的紧张情绪依然存在，而且在之后的几个小时里，依然被未完成的事情困扰着。这种在面临各种事务时产生紧张情绪的现象被称为"齐氏效应"。

　　对于承受压力能力相对较差的人们来说，"齐氏效应"在他们的身上表现得更为突出，工作与生活中亟待解决的问题都在无形之中给他们增添了无数的压力。经常处于"齐氏效应"的控制之下不仅会让你面临更多的生存问题，更会使你丧失掉原本拥有的自信心。想要改变这种不良状态，你必须要学会摆脱身上的"齐氏效应"。

» 想象自己被蓝色的气球所包围

　　面对紧张的最好方法，并非一直强调"不紧张"。因为"紧张如潮，越堵越高"，一味地抵抗与排斥紧张只会让它变得越来越猖狂。其实，在遇到令自己紧张的情况时，想要正确地调整紧张，你可以尝试从想象色彩开始。

人们一贯认为，蓝色所代表的是宁静与保护。当你遇到了令你紧张的人或事时，不如想象一下，你整个人正在被蓝色的气球包裹着，这可以阻止你的积极性被外界负面环境破坏。当你因为受到过大的压力而感觉到焦虑时，这种想象更能够大大减少你的不适感。

» 掌握"7-11"呼吸法

这是一种极为简单的舒压方法，常常被用来解决那些因为情绪过度紧张而造成的呼吸急促问题。你应缓慢而稳定地进行吸气，同时，让自己从 1 数到 7，然后，再慢慢地一边从 1 数到 11，一边吐出气体。持续运用此韵律来进行吸气与吐气，直到你的呼吸变得顺畅，你的情绪变得平和为止。

» 利用平日里的制约反应

心理学家证实，经过了一定的训练以后，人的身体会在受到刺激时引发连锁反应。在情绪的转换中，它可以成为改变紧张的有效途径，具体方法是：当你感觉到快乐或者轻松的时候，试着记住这一时刻的情绪，同时，捏一下自己的耳朵，或者双手合十，直到动作熟练到你可以在快乐时直接想起这一动作为止。如此一来，当你紧张时，只要做一下这个特定的动作，你的潜意识便会自然联系到快乐的心理状态。

总是处于紧张情绪之下会使人产生各种各样的过激行为，对个人健康有害无益。人只有学会摆脱紧张情绪的控制，学会放松自己，才有利于发挥潜在能力。而有学者证明，经常进行自我放松不仅会使自己的精力充沛，还能使情绪恢复到最佳状态；而在放松的精神状态之下，人的记忆力与思维能力是最强的，身体的潜能也可以被完全地激发出来。

学会接受平庸

单就通过情绪排遣来进行自我疗愈来说，它通常是不足以克服无能为力这种常态的。你不得不向心理医生求助，因为你在每次上交工作前总是感到莫名的恐慌。你的问题在于完美主义，比如，你希望自己的报告得到每一个人的认可，你希望自己变得更优秀。你也曾经暗示过自己，不要去追求完美，但是，你一直没有克服这一问题。

其实，要求自己完美并没有错。但是，因此而让自己陷入疯狂而无用的努力之中的话，那么你就需要更谨慎地对待它了："完美"是人的终极幻想，在宇宙中它并不存在，你越是争取完美，就越是会陷入失望。

相比之下，"平庸"是另外一种幻象，它是一种善意的欺骗，一个有益的建议。你应该让自己去尝试一下平庸，哪怕只有一天。如果你这样做了的话，可能会发生两件事情：首先，作为一个"平庸"的人，你不必特别成功；其次，你还是会从你所做的事情当中获得足够的满足，而且如果你一直这么"平庸"下去，你的满足感会成倍地增长，并且最终会满怀喜悦。这就是我们想要去谈论的主题：战胜完美主义并且学会享受纯粹快乐的人生。

» 直面自己的恐惧

你或许还没有意识到恐惧其实是由完美主义引起的。恐惧会促使你强迫自己把事情做到极致。如果你选择放弃完美主义，开始的时候你可能必须要面对这种恐惧。

有一种征服这些恐惧的方法被称作"反应预防法"。这一基本原则非常简明：你要尝试着拒绝屈从于完美主义的习惯，并允许自己充满恐惧和不适。

你要坚持这一点，不管你有多难过，都不要放弃。你要一直坚持下去，直到你的不安达到顶点。经过一段时间后，强迫症状就会消散，最终彻底消失。

举一个简单的例子：假定你有反复检查房门钥匙或车钥匙的习惯，检查一遍肯定是对的，但是反复检查则是多余的。你可以把车开到一个地方停下来锁上车门，下来散步，如果不再检查车门，你可能会感到不安，你会尽力说服自己回去"确定一下"。但你要记住千万不要这样做。

通常情况下，一次这样的行为就足以永远地打破你的习惯，当然你或许还需要多次这么做。许多坏的习惯都是这样养成的，这种坏习惯包括检查的惯例、清洁的习惯等。如果你已经准备好打破这种倾向，也愿意打破这种倾向，你会发现"反应预防法"会非常有用。

» 为自己做好心理预设

在进行某事之前，你很可能会为自己定下"成功"的目标，但这样的目标往往会让你变成潜在的"完美主义者"。你已经为这次行动定下了"必须要成功"的目标，而这种目标会带给你巨大的无形压力。由于只关心事情的结果，你会变得非常紧张，你会全神贯注于一件事情：眼下的动作或事情有助于事情的成功吗？如此一来，你就会将来自他人的不良反馈都当成一种危险，而整个过程也会因此而变得不愉快起来。

所以，在做事情——比如找工作的过程中，不要将"找到工作"当成你的目标。你是否被聘用，结果取决于很多因素，而这些因素并不是你所能控制的。比如，有很多应聘者的学历很高、有人脉可以帮助他们等等。

事实上，你可以尽可能地将想法放在自己有可能"被拒绝"的结果上。按人力资源管理界中得到的平均数来算：每得到一份工作都需要 10 ~ 15 次的会面，这就意味着，你为了找到你想要的工作，你得出去接受 10 到 14 次的拒绝！所以，你可以每一天早上都对自己说："今天我要尽可能被拒绝。"每一次你被拒绝后你都可以说："我成功地被拒绝了。这让我又朝目标近了一步。"

» 为自己的生命负责

为自己的生命负责有助于你改变自己对完美的执着。它意味着，你可以专注生命，享受生命。

如果你是一个完美主义者，那你可能就是一个因循拖延者，因为你总是想把事情做得很彻底。保持快乐的秘密就是设置适度的目标来完成它。如果你愿意痛苦，那你大可以坚持你的完美主义和因循拖延态度。

如果想改变，那就应该计划每一件事情要花的时间。不管你是否完成了，只要一到时间就马上撤出来，然后着手另外一项工作。如此坚持下来，你的满意度不仅会提高，做事的效果也会得到改善。

完美主义是创造力、生产力以及清醒头脑的最大敌人。在《艺术家之路》一书中，作者茱莉亚·卡梅隆写道："完美主义其实是导致你止步不前的障碍。它是一个怪圈——一个强迫你在细节里不能自拔，丧失全局观念又使人精疲力竭的封闭式系统。"接受平庸的人生常态，你将会告别步履维艰的状态，并获得更平静的生活。

情绪与压力：
舒缓压力，缓和紧张情绪

　　随着社会的进步、生活和工作节奏的加快、日趋激烈的竞争，人们的压力也逐渐加大。压力好似一根绷紧了的琴弦，如果琴弦绷得太紧，则容易拉断；如果琴弦放得太松，则奏不出音乐来。长期处于紧张的压力下，人会出现神经衰弱的各种症状，如烦躁不安、精神倦怠、失眠多梦等神经症状，以及心悸、胸闷、筋骨酸痛、四肢乏力和性功能障碍等其他症状，甚至可能引发许多疾病。面对接连不断的压力，我们必须做出反应，竭尽全力将压力排出体外。

压力来自欲望，而非生存

在流行美剧《欲望都市》中，有这样一句台词："站在高跟鞋上，我才能看到真正的世界，令脚不舒服的，并非鞋子的高度，而是欲望。"对于现代人来说，我们的收入、我们所拥有的一切很可能早已满足生存的需求，但是，随着生存标准的逐渐升高，我们的欲望越来越强烈，我们对人生的不当渴求越来越多，从这一点上来说，压力来自欲望，而不是生存。

在美国著名的《汤姆逊科学大纲》开篇页上，记录着一位科学家对动物心理的研究，他的主要研究对象是猩猩与猴子。他拿来了一个极高但口径极小的玻璃瓶，拔掉木塞后，放入了两粒花生米。

花生米落在瓶底，从瓶子外面可以清晰地看见。猴子接过瓶子，拼命地乱摇，偶然间可以摇出花生米，才能取食。

接着，科学家又将两粒花生米放入瓶中，并教猴子将瓶子倒转过来——显然，这样可以更方便、更快速地吃到花生米。可惜，猴子始终不理会那一套，每一次都一通乱摇，花费许多力气，还不一定能够吃得到。

为什么猴子不肯按科学家的指点去做？不为别的，猴子眼中此时只有花生米，在求取急切的情况下，它根本无暇学习。

我们常用目标来对自己进行鼓舞，这本没有错。但不可忽视的是，有时候，这种目标会化成一种强烈的欲望。有时候，我们甚至会因为欲望的膨胀，而埋怨成功来得太慢。我们常常希望一步登天，却往往因为缺乏了前期的付出与磨砺，而离成功越来越遥远。

学会对自我欲望进行克制，是一种高贵的品质，人类一切美德的根本体现，便在于自我克制。若一个人仅由自我本能与激情来支配的话，那么，他便极易丧失道德上的行动能力，甚至会沦为强烈的个人欲望的奴隶。因为有了道德戒律与自我克制的存在，人才能够对本能的冲动进行抵制。也正是通过抵制这种本能的欲望，人才把握了自我发展的主动权。所以，是自我克制能力将纯粹的物欲生活与道德生活区分开来了，同时，也正是自我克制能力，进一步构建起来了所有高尚品德的主要基础。

若是无法坚决地对自我欲望进行克制，并且无法使自己摆脱欲望的控制，那么，人类的灵魂便会被欲望这个魔鬼进一步控制。那些在赌场上赌红了眼的赌鬼、那些因对不劳而获过度痴迷的恶棍、那些因为酗酒、吸毒而导致妻离子散的流浪者……所有这些人，都是因为欲望而非生存而堕落的，因为他们的灵魂早已不属于自己，而让他们失去灵魂的，正是对欲望的不加克制。

不管是在生活中的哪个方面，包括爱情、事业，放任自我欲望无限膨胀，都是一种既伤人又伤己的生活方式。学会如何去克制自己的欲望，是人生中最重要的功课之一。

如何去驾驭与克制自己的欲望？对于普通人来说，学会克制，是获得更好生活、拥抱更美好的自我的最主要途径。

» 养成良好的习惯

当欲望无休止地膨胀到一定的程度时，除非人们拥有非同一般的决心与毅力，否则便无法摆脱欲望的控制。摆脱欲望控制的最简单途径就是，让自己养成良好的习惯，在坏的品性还未形成习惯前，便将其彻底地根除。

» 学会选择

欲望所带来的并非全都是坏处，一些正当的欲望，可以使我们对生活充满挑战的勇气。当你发现自己出现了欲望时，你应选择自己最需要、对自我生活有积极作用的欲望，来对其他欲望进行牵制。

你可以将自己的欲望清单列出来，要知道，其中的内容你不可能每一个都要得到。你必须要很清楚地明白，自己到底最需要什么，不要盲目地去追寻一些东西。要知道，有些时候，少一些选择，反而会让你拥有更多的选择。

» 抽出时间去抵制

如果你当真已经受到了欲望之魔的蛊惑，被贪婪所控制的话，也不要自暴自弃，那样，只会令你更快地失去自我。此时，控制欲望的最好方法就是，让自己花上一段时间，去克制、去战胜自己的欲望。随着时间的流逝，习惯会逐渐地被培养起来，而缓解欲望的症状、断绝欲望的想法便会变得越来越容易。

» 将欲望运用到其他行为中去

其实，我们对欲望的冲动，还可以运用到其他行动中去，这种运用与实践，几乎能够改变我们的本性。若是我们能够将其运用于积极的事情中，如思考、慈善、节约与运动，便能够从诸多的烦恼中解放出来。学会尽量下意识地运用良好的习惯来代替过去沉迷的欲望，并且毫不拖延地从今日开始做起，然后每日持之以恒，这些好习惯便会成为我们品格中无法分割的一部分。

» 将自律写入自我品格中去

每一个人都有各式各样的欲望，而自律是对自我欲望进行控制的最可行途径。在生活中，保持自律的生活习惯，晚上按时睡觉，每天同一时间起床，按时用餐，准时上班，而不是让自己成为不良嗜好的牺牲品。要养成淡泊的习惯，学会自律地生活，既使你的享乐是无害的，也不要让自己整日去依恋这些享乐，如此，你便会获得思想上的宁静，便会让心不再迷失于外部世界。

如果你能够从现在开始，学着克制自己的欲望，下一次，你便会感觉，这种克制并没有那么难，慢慢地，你便会习以为常，因为习惯是一种能够改变自我气质的神奇气量，它能够令魔鬼主宰人类的灵魂，也能够将魔鬼从我们的心中驱逐。

疲劳状态下，人更容易失控

亚力已经好几个月都感觉到疲惫了，早上不想起床，整日提不起精神来，不想与人说话，就连最能让他的绩效提高的客户都懒得见了——这在往日里，可是亚力最喜欢的工作。谈起自己这几个月的疲惫，亚力说，哪怕一整天无事可做，也会感觉到自己的肌肉与关节在痛。

如果只是自己身体有疲惫感还好，但更令人感觉麻烦的是，亚力最近发现自己越来越难以控制情绪了。就在昨天，他还因为部门采购没有购买他习惯使用的办公笔而发了一通火。类似这种鸡毛蒜皮的小事，越来越能激起他的不满。

员工们也发现了自己的主管最近很不对劲，于是，他们开始不再愿意与亚力针对一些关键的小细节进行讨论。

一向理性的自己为什么会陷入这样的不堪之中？亚力有些不解。一时的疲惫不堪可能彻底地休息一下就能够缓解，但是，长期如此，你就应该考虑自己是不是陷入了慢性疲劳症候群（Chronic Fatigue Syndrome，简称 CFS）。

往日里，这种慢性疲劳症候群被称为"雅痞感冒"，它被专业心理医生们称为"一群歇斯底里、上层阶级的抱怨"，因为它会让人陷入无法解释的头痛、肌肉痛、失眠、疲惫感之中，同时还会伴随相当严重的情绪失控，但旁人却往往视它为无病呻吟。

伦敦大学慢性压力症候群专家柯尔·阿德拉指出，罹患此症者往往属于精英人群，他们因为太过专注于工作，忽视了自身的休息，并因为压力与疲惫的累积而陷入长期的慢性疲惫中。值得注意的是，在罹患该症后，其中有八成病人并不知道自己已经疲惫到生病了。

慢性疲劳症候群最显著的症状是至少四个月的无法解释的疲惫感，即使休息也无法缓解，这样的疲劳严重到让个人的日常工作和生活都降低到了正常状态下的一半。

现在，你有必要先知道坏消息：没有快速恢复CFS的方法。它是一个典型的、由一段时间的储备精力流失而导致的一种消耗，它需要保证能量的供给并恢复活力，但好消息是，你现在就可以利用以下方法来缓解疲劳，它们可以显著地增强你的精力。

» 认清疲惫的原因，对症下药

精力的消耗会发生在身体、心理与精神上，而CFS往往是由身体的疲惫发展到精神的疲惫的。因此，先辨认自己的疲惫属于哪一类非常重要：疲劳往往是由过度工作、缺乏睡眠、不健康的饮食、肾上腺疲劳、内分泌失调、药物副作用、过度焦虑等因素导致的。

针对这些疲劳，大体上的指导方针是：

如果早上醒来时充满活力，但发现自己在下午时会很累，这是身体疲惫的开端；若早上醒来时很累，然后一天下来都是这样，那你就应多关注一下自己的情绪了。一般性的疲惫都是由精神引发的，因为个人在工作中缺乏足够的意义与满足感而引发。

» 只有机体平衡，身体的抗疲劳系统才会运作起来

小时候妈妈唠叨的那些话永远是对的：为自己准备丰盛的早餐，用苹果代替糖果，在适当的时候上床睡觉，在感觉紧张的时候记住"一切都会过去"。研究发现，水是我们活力的源泉，每天喝上八杯水，你可以发现自己的精力会变得好一些。由于运动能够强健体魄，所以，试着去爬爬楼梯代替坐电梯吧！或者，在午休的时候让自己在办公楼下待一小会儿。如果时间充裕的话，你还可以叫上要好的同事一起。

当然，如果不是身体上的原因，那么，你就要检查一下日常生活中其他的疲惫原因了，比如，维生素 D 的缺乏。

» 驱除那些可怕的情绪吸血鬼

你需要注意到这样的事实：情绪是会蔓延的。你注意过一些常常生气、易怒或者抱怨的人是怎样的吗？你在他们周围的感觉如何？科学家们发现，我们都有反射神经元，会直接造成对他人情绪的影响——这种反射神经元与你所在的位置无关。

这与我们的常识相背离：你可能认为，下属的情绪是不会影响到你的，但事实上，情绪不仅会从上往下传递，它也会从下往上反射。因此，你现在需要将那些在工作中烦扰你的人列出清单，然后，主动地去缓和那些人际关系——如此一来，你的周围便有机会环绕更多的积极因素。

当然，也有环境吸血鬼。你在公司中做了一份志愿者工作，但你的初衷是只帮助整理客户资源，谁知公司却要求你连新人培训的

工作也一起做了。一个接一个的额外工作，想要做超人的生活方式是造成疲劳的核心所在。因此，你应先做一些选择，学会对一些不必要的任务说"不"。

» 进行精神层面上的更新

想想那句美国著名诗人玛丽·奥利弗的诗："你想在自己狂热又宝贵的人生中做些什么？你想在这个稀有、短暂而又神秘的星球上度过怎样的时光？"现在，再想一下，在一天结束时，什么样的品质与价值是你想要保留的？

现在，将那些能够让自己感觉到快乐的事件制作成清单吧！哪怕它只是一件诸如"陪孩子玩皮球"一类的小事。如果你的清单是空的，那就选择投资一个充满快乐的人生吧！

» 在办公室中放上"爱的冲击波"

照一张自己爱的人的相片，如果没有这样的人，你心爱的宠物也可以！美国心理学家们研究证明：这种形象化的呈现可以不断地释放出"感觉很好"的化学物质，比如脑内啡，它能使体内系统进行全面的能量促进。

如果你现在就处于疲惫状态下，你最好马上进行这些练习：它们不仅能够让你降低失控的可能性，同时也能够帮助你塑造出积极向上的人生。

通过压力管理，将自己置于"不生气状态"

人在承受巨大压力时往往很容易发脾气，你可以对比一下自己的不同状态：每天都做自己喜欢的事情悠闲度日与每天都忙到连睡觉的时间都没有，这两种生活，哪一种更容易让你动怒呢？

压力与怒气关系深厚，可以说，高效能人士 80% 的情绪波动都是因为压力过大而引发的。你很可能会说，如果没有压力就好了，但遗憾的是，日常生活中不可能没有压力。对待压力与对待怒气的态度应该是一样的：不用去思考如何才能彻底地消除压力，而是要设法与压力和平共处。

值得一提的是，造成压力的原因往往因人而异，有些人对人际关系感觉到压力，有些人因为工作繁忙而感觉到压力。但相反，有人因为工作太闲而感觉到压力，也有人会在独处时感觉到压力。

如果你能够将自己的压力分类，并了解造成压力的真正原因，就可以做到如释重负。

» 了解压力，将压力分类

美国著名心理治疗师达尔斯·芒卡在接待来咨询的客人时，曾经遇到过一位"因担心地球的未来而失眠"的女性。

只要一想到地球的未来，她就会感觉到无比的压力。她的压力来自地球上频繁的战争、种族歧视、油源的日渐枯竭、粮食问题等一些她根本无法厘清更无力解决的事情。这些在普通人看来"杞人忧天"的问题，对她而言却渐渐成为庞大的压力——在她看来，这是威胁到个人生存的重要问题，而不是随便说说就可搁置一边不管的小事。

于是，达尔斯医师建议她做以下的分类，并写下"压力记录"。

压力大致可分为四类，分别是："不重要／自己能改变"的压力；"重要／自己能改变"的压力；"重要／自己无法改变"的压力；"不重要／自己无法改变"的压力。

再回看我们之前提到的那位"担心地球未来"的女性，她的压力应该列入哪一类？很显然，那属于"重要／自己无法改变"的压力：就算她再怎样担心地球的未来，地球也不会按着她的想法运转，种族歧视也不会因为她的重视而消失，石油更不会因她的担忧而源源不断地涌出——不管她是否担心这些事情，这些都是"自己无法改变"的事情。

》学会接受，从小事、从自己开始改变

你需要学会接受那些无法改变的事情，但"接受"并不意味着"放弃"。接受是表示自己明白，世事是无法尽如人意的。

若是一味地抱着"放弃"的心态，那么，即使是面对自己无法改变的事情，你也可能会时常感觉到不满。所以，在接受了无法改变的事实后，你可以再试着找出，是否有自己可以改变的地方——即使只是一件小事也无妨。

» 写下压力记录，便可以让压力锐减

你可以借着压力记录，试着分辨出这一压力对自己是否重要，以及在这一压力下所产生的事情，是否是自己有能力改变的。

以下是一件真实的压力记录：

担任某汽车公司销售部主管的胡先生最近感觉压力很大，他发现自己变得烦躁不安且易怒。在抽出时间后，他在纸上列出了以下造成自己压力的原因：

1. 公司分配给团队的销售目标过于严苛，以至于团队眼下虽然努力，却无法达成；

2. 年轻人不买车的情况越来越严重，一般来说，新车没有二手车的销路好，这导致新车根本卖不动；

3. 每天早起都非常痛苦；

4. 对自己的身高感觉到自卑。

在将自己的压力分为上述四种后，他又写下了如下的分类理由及解决措施：

1. 公司分配给团队的销售目标过于严苛，以至于团队眼下虽然努力，却无法达成。

理由及解决措施：销售目标的确太过严苛，现在根本无法达成。但其他地区却有销售部门达成了相同的目标。提升业绩非常重要，所以，只能想尽一切办法设法达到。自己可以设法改变的是，向那些业绩优秀的团队"取经"，询问销售诀窍，同时与上司讨论具体的解决对策等。

2. 年轻人不买车的情况越来越严重，一般来说，新车没有二手车的销路好，这导致新车根本卖不动。

理由及解决措施：新车越来越难卖是一个客观的事实，这是自己无论如何努力都无法改变的事情。其实仔细想一下，全国的汽车销售员都遭遇到了相同的问题。现实条件如此，我也只能接受，与其一味地抱怨，还不如想想其他的办法。

3. 每天早起都非常痛苦。

理由及解决措施：早起虽然并不是工作的重点，但也不能迟到。自己可以做到的是，减少晚上与朋友去酒吧聚会的次数，或是改变玩游戏到半夜的习惯。只要忍耐一段时间，便可以慢慢地转变自己的生活形态。

4. 对自己的身高感觉到自卑。

理由及解决措施：老实说，我希望自己可以再长高5厘米，但这已经是不可能的事情了。而且，即使长高可能也不会改变什么，再加上我已经有女朋友了，她也并没有嫌弃我矮。

模仿胡先生的压力记录法，你就会发现，自己可以更妥善地面对与区别生活中的压力了。

» 将意志力集中在那些可以改变的事情上

区别压力为"重要"或者"不重要"的过程中，你应该以自己"第一顺位想做的事"为标准。因此，在记录压力的过程中，你需要尝试着一边记录，一边询问自己："到底什么是我第一顺位重要的事情呢？"

以汽车销售主管胡先生的例子来说，对他而言，眼下第一顺位的事情是提升业绩，早起、身高这些事情虽然也重要，但从提升业绩的目的上来看，其重要性明显低一些，所以它们可以归类为不重要。

运用"记录""客观观察"的技巧，你就会了解为什么会有压力。学习去面对这些已甄别出来的压力，建立起一个可以让"压力减少"发挥功效的环境，你的情绪失控次数便会大大减少。

有效缓解心理疲劳的方法

你是否曾有一段时间对一切都失去了兴趣？在那段时间里，不管休息多长时间，你总是会感觉到疲惫，平日里争强好胜的心早已不知去了哪里，你只想彻底地逃离这种繁忙的生活。也许你还没有意识到：你进入了心理疲劳期。

哲人维尼曾言："倦怠乃人生大患，人们常叹人生短暂，其实人生悠长，只是由于不知用途而浪费，才会失去。"心理疲劳是最浪费人生的一种不良情绪，它会让你对生活中的一切失去兴趣，并会陷入不断的忧虑与莫名的悲伤中。

所谓的心理疲劳，与过多的体力劳动导致肌体能量消耗过大的生理疲劳有所不同，心理疲劳往往是指在长期从事单调、机械的工作活动时，人的中枢神经细胞会因为长时间处于紧张状态下而出现过度抑郁，从而使人对工作与生活的热情、兴趣大幅度下降，直到个人产生厌倦心理。

哈佛大学医学家赫伯物·本林认为："当一个人的身心过分紧张时，他的机体免疫能力便会被削弱。"心理疲劳是在不知不觉间潜伏于人们身边的"隐性杀手"，它不会在一朝一夕间置人于死地，而是如同慢性中毒一般，到了一定的时间以后，才会引发疾病。让自己处于过度心理疲劳中，无疑是在对生命进行透支。

导致心理疲劳的另一主要原因是个人的精神过度紧张。我们处于一个竞争白热化的时代里，这个时代以生活节奏超快、竞争性极强为特征，许多人都会担心自己会在竞争中失败。此外，纷繁的信息轰击、噪音、住房的拥挤、工作条件过于恶劣、家庭不和、疾病、人际关系过度紧张、事业遭遇挫折等，也是使个人心理疲劳不断增加的重要因素。

一个平凡的上班族麦克·英泰尔在自己 37 岁生日那天，做了个疯狂的决定。他决定放弃自己待遇优厚的记者工作，将身上仅剩的 3 块多美元捐给街角的一名流浪汉，只携带了干净的内衣裤，从阳光明媚的加州出发，靠着陌生人的仁慈，搭便车横越整个美国。

一路上，他不断地回忆着自己多年来的奋斗生活：入职以后，一直勤恳的付出让他获得了丰厚的回报，但是，他却从来没有过轻松的感觉，哪怕他采访到了整个美国最成功的大企业家或是最受欢迎的大明星，他也毫无兴奋之感。他开始质疑自己：我到底是在为什么而活着？

在长达几个月的流浪生活中，他对自己的生活进行了彻底的反思，重新获得了对生活的激情：几个月的时间，他得到的是放松自我、反思人生的过程。

随后，麦克开始了另一种截然不同的生活方式：他开始全身心地投入了写作与旅行中，因为这样的生活明显能让他更多地体会到快乐。

哈佛大学公共卫生学院教授大卫·加维奇博士在自己的研究中发现，若个人长期处于同样的工作中，便会产生明显的厌倦与沉闷，其工作效率也会明显低于平常，因为个人的精力与创造力都处于"油尽灯枯"的阶段中。

以下是一些可以有效解除心理疲劳的方法：

» 保持工作与生活的劳逸结合

工作时应该对时间进行合理的安排，让自己分出轻重缓急。坚持规律的生活，适时参加一些体育锻炼，使肌体活力得到全面提高，以帮助增加大脑在应对复杂枯燥工作时的适应能力，从而尽量避免因为从事过于单一的工作而产生的消极心理。同时，个人每天应该尽量保证 7 ~ 8 小时的持续睡眠，这对消除疲劳有着明显的效果。

» 让自己培养对所从事工作的兴趣

兴趣的产生与大脑皮层上的兴奋有着直接的联系。当个人从事自己感兴趣的工作时，往往不会产生疲惫感，而在从事自己没有兴趣的工作时则更容易陷入疲惫中。在工作过程中，若发现自己对本职工作中的一些项目没有兴趣时，你也不应过度紧张，以防止由于忧虑而形成思想负担，而是应该想办法努力对自我兴趣进行培养。

» 创立一个和谐的人际环境

平日里，学会与人为善，与家庭、同事、朋友搞好关系。经验表明，只有当个人生活在快乐、融洽与和谐的气氛中时，才有可能获得开朗的性格、愉快的心境与健康的身心，才会让自己远离疲劳。

» 对自己进行意志磨炼

意志坚强者不仅能在生理疲劳时顽强地生存，而且，在心理疲劳时，他们也往往能够克服自己内心升起的惰性，使自己顺利地完成任务，达到既定目标。因此，平日里，个人应该学会对自我意志进行磨炼，培养起敢与困难做斗争的顽强意志。

当你发现自己出现了沮丧压抑、工作效率降低、心烦意乱、头晕头痛等症状的时候，你便应该明白，自己已经处于心理疲劳状态中了。此时，你需要考虑的不是如何再努力一把、奋力向前冲，而是暂时停下来，为自己留出一段彻底放松的时间。若你的心理疲劳已然发生，但是休假却遥遥无期，你不妨让自己试着忙里偷闲，偶尔请半天假，让自己找个清幽的地方散步或者想想事情，这同样可以起到缓解心理疲劳的作用。

不把工作压力带回家

　　欧文是一家公司的技术人员，他有一位美丽可人的妻子和一个活泼可爱的 3 岁大的女儿。亲密的家庭关系、不错的薪资待遇，让身边的人都认为欧文是一位幸福的人。可是，这种情况在欧文得到晋升后发生了改变：在升职为项目主管后，欧文的烦心事不断，好像总是有做不完的事情。又因为他对项目细节要求过严，导致同事对他抱怨连连。

　　团队的工作能力不强，上司也难免会指责身为负责人的他。在最开始时，欧文还会嘱咐自己：不要将情绪带回家，但是时间长了以后，他便有些控制不住自己。女儿调皮的行为，总是会让他心生怒火；妻子的关心成了啰唆，欧文甚至会忍不住向她大吼。

　　欧文在家里情绪失控的次数越来越多，直到有一天，他回到家，发现妻子与女儿都不见了，桌子上留下了一张纸条：家不是你的发泄场，等你能处理好这一切，能再爱我们时，再给我打电话吧！此时的欧文才意识到，自己需要做一些改变和调整了。

　　生活中像欧文一样的人并不少，他们将工作中积累的压力、烦恼带回家，并不断地将家人当成不良情绪的发泄桶，使家庭关系受到影响。这些人常常会忽略家人的想法与感受，满脑子想的都是与工作相关的事情：晋升、业绩、上下级关系……他们忘记了这样做只会给自己增添烦恼，而且会在不经意间伤害身边的人。

当今社会的不断发展、物质生活的日益丰富，以及内心不断涌动的种种欲望，都使我们的压力变得日益沉重。如何做到不将压力带回家，不让工作成为家庭生活的困扰，便成了让生活与工作获得平衡的关键所在。做到这一点并不容易，你需要让自己掌握以下技巧：

》转换场合时，转变角色

在公司时，你的角色是员工、组长、经理；在家时，你的角色是儿子或女儿、丈夫或妻子、父亲或母亲。你所在的场合不同，你所担负的责任也有所不同。因此，每天迈入家门前，花几分钟整理一下自己的思绪，想清楚自己现在的角色是什么，并按角色来安排下一步的行动，例如，现在我该变成一个女儿，去享受与父母在一起的时光。

》将一切工作挡在家门外

尽量不要把工作带回家，如果在工作上遇到了重大问题，那么，你也不可能在回家以后，使用片刻的时间便将问题解决。因此，与其烦恼不如彻底丢开。在回家以后，让自己听听音乐、与家人聊天、为家人做一顿美味的晚餐……这些行为都会帮助你减轻压力，增进你与家人的感情。

》学会进门前自我放松

在过度紧张的情况下，你很可能无法做到及时放松自己。此时，学一些必要的技巧便显得尤其重要了。

1. 进行深呼吸

进行深呼吸的技巧很简单：

·闭上眼睛，将脑中的一切杂念都抛开，将精神集中在自己的呼吸上来；

·轻轻地使用鼻子吸气，感觉空气正在慢慢地进入你的腹部；

·微微地张开嘴，将空气慢慢地吐出来，反复进行五到十次。

2. 冥想

冥想是运用自我想象力与曾经的知觉经验对自我身心进行调节的方法：

·想象一个自己喜欢的地方，并将注意力集中在那里；

·想象那里的细节，直到自己感受到美好。

在进入家门前，利用这些技巧尽量地放松下来，能够让你更好地融入家庭。

» 不将工作权力带回家

或许你并不了解工作权力是什么，但你可以清晰地意识到，上司对你的行为有点评的权力，同事也可以根据你的工作状况，对你表现出嫉妒或羡慕的行为，这便是工作权力的体现。工作中的规则、公司运行的基础都是权力，其运作机制有两大特点：竞争与合作、控制与征服。然而家庭里的规则截然不同，这里更需要爱与珍惜、理解与接受。

如果你不理解工作与家庭的分别，将权力规则带回了家，那么，你的家庭便会被权力所污染，你会想要控制、征服家人，并在有限的资源上与家人进行竞争。那么你可能会与兄弟姐妹为了看电视而争吵，并认为这是不能妥协的事情；你会拒绝父母的建议，并感觉自己是在坚持自己的原则；你会对妻子的表现指指点点，并力求让她意识到：你才是家庭的主宰。可以想象，在这样的工作权力下，你的家庭将会出现各种各样的问题。

在某种程度上来说，娴熟并果断地运用权力规则，会使个人在成功的路上奔跑得更加迅速，而一旦它渗透到你的家庭领域中，那么，它便势必会让你付出代价，你的家庭关系会变得越来越糟糕。所以，如果你珍爱自己的家庭，就将权力规则留在公司，将真实的自我带回家。

工作是我们生活中很重要的一部分，但是我们的家人在我们生活中更重要。如果没有我们，我们所在的公司可能会在短短的几天里找到接替我们的人，而我们的家人会承担失去亲人的痛苦。仔细想一想，你是不是好久没有花时间陪伴家人了？如果答案是肯定的，那么请马上安排时间与家人团聚吧！

专注于简单，舍弃不必要的一切

我们习惯在积攒中生活——这种积攒的观念，一方面源于传统中的"节约"观念，而另一方面，则是为了增加自身生活的安全感与掌控感。在日复一日的积攒中，我们将越来越多的事情与杂物堆积在生活中，总是想到日后有可能用到，所以旧物无法舍弃；总是感觉他人的帮助无用，所以一切都尽量亲力亲为。在这种积攒的生活中，我们的人生越来越复杂，我们的心态也越来越浮躁。

小娴是一家报社的编辑，下班之后，她不是在茶馆与客户谈事情，就是在酒吧里与朋友一起玩。在她看来，这是一个交际的时代，而自己的工作又是在捕捉最新的资讯，因此，不管从哪一方面来看，自己都需要频繁地接触他人、接触社会。

这样折腾了几年以后，小娴发现，自己有限的时间与精力已经被频繁的交际消耗得差不多了。自己的业务能力并没有获得增长，自己的人际关系网也越来越沉重。工作没有前途、个人生活又如此糟糕，她的心也开始越来越浮躁。

后来，她终于看透了一切，并开始尝试着拒绝那些并不需要的交际活动。如今，每天下班以后，她都会按自己喜欢的方式去生活：洗一个舒服的热水澡，听听音乐，看看电影与杂志。在她看来，自己现在的生活已经很好，而这种生活恰是最能满足自我生活状态的。

这是一个复杂的世界，而复杂是因为我们内心的欲望过于强烈。这个世界也可以很简单，而能否简单源于你内心是否平静。

如果你总是将自己的生活变得非常复杂，在很大程度上，并不是因为你的生活需要你这样做，而是因为，你感觉自己的能力很强，你可以征服与改变世界。于是，内心那股强大的欲望，成了你最美好的感觉与力量。也正是因为如此，你的生活日益多变，越来越多的不确定性充斥在你的周围，不快的因素也在不断地增多。在这种情况下，你的愤恨与抱怨也会增长，就如同这个世界欠你的一般——你付出了这么多，而它竟然没能给你相应的回报！

简单地生活则不会有这样的麻烦：内心的简单甚至单纯，会将许多的欲望淘汰掉，剩下的只是自己可以接受的、自己喜欢的，这样的生活方式或许会远离时尚、多彩、刺激，但是内心却因为欲望的减少，而变得越来越从容。

"简单地生活"并非指苦行僧一样的清苦生活，更不是让你辞去待遇优厚的工作，靠着微薄的存款过日子。"简单"只是让你更悠闲、更从容。

简单的好处在于：你不需要为金钱所累，更不需要因为他人的指点而疲惫，你是自己的主人。你需要得越少，你的心灵便会越自由。那我们怎样才能过上简单的生活呢？

» 一切以"删繁就简"为原则

简单生活的根本原则就是"删繁就简"，将一切多余的欲望去除，只留下正常的、合理的欲望。这说起来非常容易，但是，如果你想将它们转变成自己的真实行动，你便需要让自己的心静下来，看看你到底能够从自己的生活中删除什么。比如，当你为了一次小小的提升，而不断地与同事过度竞争，并沦落到无人愿意与你交流的境地，你便该问问自己：这样做值得吗？

» 别总是"等不及"

我们总是生活在"下一秒"，上班时等待假期；孩子还小时，等待孩子快速长大……

我们之所以无法拥有当下的美好生活，是因为我们总是在担心时间不够。学习享受已经拥有的时间，享受眼前拥有的一切，是简单生活的重要一课，同时也是快乐生活的关键。

» 学会避重就轻

许多人都处在压力当中，可是，与其为压力所苦，不如学会忽略它。你应该知道，哪些事情对你来说是最重要、最不能放弃的，至于其他的，则可以少花一些时间与精力。对待外在的生活，若你真的无法达到某个标准，那么，你便不需要再去勉强自己，不如将标准降得低一些——反正你的目的是让自己更好地生活。

简单的关键在于，遵循自我的选择，聆听内心的感受。简单是更深入、更快乐的生活，它让你完全投入、更加自觉。当你再一次为生活中的琐事而痛苦、纠缠时，不如想想这些事情的利与弊、它们的真实价值，勇敢地让自己去索取或放弃。当你致力于追求一种远离浮躁、更加简单的生活时，请询问自己："这样做，会让我的生活变得更加简单吗？"如果答案是肯定的，那么，就毫不犹豫地去做吧。

说出压力，清理情绪垃圾

　　并非所有的压力都对人们的生活、学习、事业有益。凡事不可过度，过度的压力不仅影响人们的身心健康，还会对人们的生活、事业、学习产生极坏的影响。因此，我们要学会控制自己的情绪，避免因过度的压力而影响自己的生活。

　　很多人都有这样的体会，在烦恼、不高兴的时候，找朋友或者亲人述说一番之后，心情就会变得好起来。这里面的道理有很多。首先，说话的过程就是宣泄的过程，自己有了想法，没有输出的渠道，憋着就很难受。其次，说出来也是在讨论问题，也许在听别人的意见时会获得解决方案，哪怕得到一点儿启发也是好的。所以有压力需要说出来，不要憋在心里。

　　张女士从事财务工作，工作比较枯燥机械。因为从小性格就内向，所以不太合群，朋友极少。毕业三年来一直在不停地找工作、换工作，每次换工作都是因为她的不合群，老板都认为她缺乏团队合作精神，所以试用期一结束就被炒掉。

　　这三年的经历让张女士严重缺乏自信。同事觉得跟她在一起时很压抑，也不爱跟她说话。除了电脑以外她对什么都没什么兴趣，情绪低落，忧心忡忡，饭也吃不下，也不愿出门，生存的压力逼得她喘不过气来。

看着张女士如此苦闷，她的父母也忧在心头，后来抱着试试看的态度，给她介绍了一个男朋友，没想到两人在见过几次后还真成了恋人。后来她男友经常带她参加社会活动，她的心情也开朗了很多。最后在男友的开导下，张女士主动将心里的烦恼说了出来。男友听完之后，非常诚恳地告诉她："你其实没有任何问题，你的人品和技能都很优秀，就是不爱和别人交流。不用着急，我养你，一切都会好起来的。"

随着男友一些刻意的安排，张女士逐步尝试和别人主动打招呼。过了快一年之后，张女士有所好转，脸上也有了幸福的笑容，并且在一家不错的公司获得了一份工作。

有了烦心事，或者因为一些奇怪的想法而心事重重时，就要说出来并解决掉，不然只会加重心理负担。再难以解决的问题，我们只要及时说出来、听听别人的意见，就能放松自己，减轻压力，也就不会有焦虑情绪了。在上面的故事中，张女士在男友的引导下说出了心里的烦恼，最终摆脱了忧虑的情绪。

中国的民间有一种说法，一个人晚上做了不好的梦，早上对人说出来，梦所预示的灾难就会化解掉。这虽然看似有些迷信，但如果以上述心理学原理来分析，其中也包含着科学道理。因为把不好的梦对人说出来，其实就是把心里的压力释放出来，这会让你以更好的心态去处理正在面临的问题。

把内心的压力说出来，就是"清理"。医学家和心理学家建议，你可以对自己说，或对着镜子里的自己说。"自我对话"的目的，是帮助自己对不合逻辑、不合理的思想保持自觉。

譬如，把一件小事情看成了天大的事情时，你就对自己说："这件事情并不重要，也不复杂，不用老惦记着。"对某个人或某件事有情绪化的、夸大其词的念头时，你就对自己说："注意呀，我有过处理这个问题的经验。"对某些事物充满疑虑或者不满意时，你就对自己说："情况还没有搞清楚呢，有时间我再问问，现在着哪门子急呀。"等等。

千万不要小看这些"言语结论"，这些话说出来后，就会截断负面思想，阻止情绪渲染扩大，使人增加自信，避免在情绪上陷入过度的敏感、紧张、自怜、自责，甚至于绝望之中。研究表明，这一类"用有声言语下的结论"，对身体、心理有很大的引导、稳定和安抚作用，如同脸上常挂笑容，心情就会好起来。从这个意义上讲，说出压力是个好习惯，应该受到赞同和鼓励。

感觉千头万绪、不知所措时，找一位知心好友，或专业辅导员，或有经验的长辈，说出内心的恐惧和问题。有时候，我们面临的问题并不严重，只是在心慌意乱时无法冷静思考，如果能够经过倾诉、发泄，或听听别人的意见，看清问题的症结所在，找出解决方法，即可豁然开朗。

情绪应用：
把握情绪，让它成为人生的助推器

情绪应用的核心在于把握自己的情绪，创造自己想要的生活。负面情绪如同一座监狱，除非你意识到自己身处"监狱"，否则你永远逃不出去，而掌控负面情绪就是打开监狱大门的钥匙。正向的思维只有在正向情绪的刺激下，才有力量改变你的生活。你的心必须真正相信你可以造就自己的命运，而且你必须主动创造，并将正向思维的音量调高，以便成就你梦想的人生。

激发对成功的渴望

相传，古希腊塞浦路斯的国王皮格马利翁爱上了自己雕塑的一尊少女像，他爱不释手，每天把雕像当成真人对待，并给她起名叫盖拉蒂。他还给盖拉蒂穿上美丽的长袍，并且拥抱它，亲吻它，他真诚地期望自己的爱能被"少女"接受。真挚的爱情和真切的期望终于感动了爱神阿弗罗狄忒，于是爱神赋予了雕像生命，使其变为真正的美女，皮格马利翁的幻想也变成了现实。后来，心理学家把由期望而产生实际效果的现象叫作皮格马利翁效应。

"皮格马利翁效应"是一种心理预期，它告诉我们，对一个人传递积极的情绪，就会使他进步得更快，发展得更好。反之，向一个人传递消极的情绪则会使人自暴自弃，放弃努力。这条理论也可用在自身的学习上。

成功虽然靠悟性和勤奋，但也与人的心理有不可或缺的关系。美国的心理学家们曾进行过一项历时几十年的研究，他们对具有较高智力的学生进行长期的跟踪调查，发现有着相似智力、相似成绩的学生，几十年后的成就相差很大，究其原因，不在于智力的差异，而在于人对成功的渴望，这也是皮格马利翁效应产生的结果。

对成功有强烈的渴望，能使不可能成为可能，使可能成为现实；

没有任何渴望，可能的也会变成不可能，甚至毫无希望。一个强烈期望获取成功的人，整个世界都会为他让路。相信自己能行，便会攻无不克；不敢相信自己，将会失去一切。

20世纪30年代，英国的一个偏僻的小镇上，有个女孩自小被父亲灌输这样的认识：无论做什么事情都要力争一流，永远做在别人前头，而不能落后于人。即使是坐公交车，你也要永远坐在前排。

这个女孩在这种期望下顺利考入了大学，那时学校要求学五年的拉丁文课程，她却出人意料地用短短的一年时间就学完了，而且，考试成绩竟然名列前茅。

女孩不忘父亲的嘱托，不光在学习上出类拔萃，在任何方面都勇争第一，体育、音乐、演讲及学校的其他活动也都一直处于遥遥领先的位置。当时她所在学校的校长评价她说："她无疑是我们建校以来最优秀的学生，她总是雄心勃勃，充满激情，每件事情都做得很出色。"

多年以后，女孩成为英国乃至整个欧洲政坛上的一颗璀璨的巨星，她连续4年当选保守党领袖，并于1979年成为英国第一位女首相，雄踞政坛长达11年之久。她就是被世界政坛誉为"铁娘子"的玛格丽特·撒切尔夫人。

玛格丽特·撒切尔夫人的成功之路得益于父亲所教导的那种积极向上的人生观和勇争一流的精神。其父所用的就是皮格马利翁效应，通过一种情绪激发孩子一往无前的渴望，使之不断前进，逐渐让积极向上成为一种习惯。

看来，只要拥有对成功的渴望，便能通过思考、默想和语言来调动潜意识，并转化为意识，从而对行为发生作用。人的意识能量像一个能源宝库，当大脑通过五个官能，将外界辐射的感官印象和思想冲动进行归档、分类和登记后，就变成了个体所有，人们随时可以从中得到精神和思想的力量，就如同从电脑中存取信息一样。对成功的渴望就起着调动这些信息的作用。

对成功的渴望能够帮助人调整气质、优化性格、树立信心、重塑自我，实施智力开发，使之步步为营，处处领先。这种渴望能带来一种积极的自我暗示，通过提高自信和热情，使人能按照预期的方向发展。

当代的很多年轻人一端起课本就厌烦，总是静不下心来，由此导致学习效率下降。戴尔·卡耐基有句名言："假如你假装对工作感兴趣，那么这种态度会使兴趣变成真的，并且会消除疲劳。"如果你对某一门课或对学习不感兴趣，就可以训练自己假装对它感兴趣，并坚持下去，必定会有很好的效果。例如，对自己根本不感兴趣的科目，我们应在学习之前，对自己微笑着说："从今天开始，我要好好研究你了，我一定会对你产生兴趣的。""我会满怀兴趣地学好你的！"

苏霍姆林斯基说："成功的欢乐是一种巨大的情绪力量，它可以促进儿童好好学习。"对儿童是这样，对二十几岁的青年也是如此。你也可以想象自己学成后的心情和成就，努力制造那种感觉，便能激发学习的兴趣。这也是皮格马利翁效应在学习上的又一应用。

对于正处于不断汲取知识甘露的年轻人来说，激发对成功的渴望是令人积极进取的有力武器，我们应时刻以此来提醒自己，将激情传递给自己，用暗示唤醒自身潜意识、潜能力，就会由内而外地产生一种积极健康的情绪，也会产生积极的心理效应，从而提高自信心和学习成绩。记住，志在成功，你就已成功一半。

营造更适宜的生存环境

众所周知，生活在优美的自然环境里是一种享受，像辽阔的海洋、蔚蓝的天空、潺潺的流水、秀丽的田园等等，这些景物都能使人心情舒畅、赏心悦目。可是，日常生活中也会有一些环境令人十分厌恶，甚至还会危害人们的健康，比如拥挤的地铁、嘈杂的市场、被污染的河流等，这些环境都会使人心情烦躁，郁郁寡欢。

心理学家研究表明：拥挤会使人情绪沮丧、不安、烦躁，甚至可能造成暴怒。在拥挤的公共汽车上，时常会发生吵架事件，这除了人们道德修养方面的原因以外，与拥挤对人的心理影响也有直接的关系。

环境与人的心理的形成和发展有着密不可分的联系。环境心理学认为，自然环境对人的心理会产生直接或间接的影响。直接的影响是自然环境作用于人的感觉器官，然后引发特定的认知、情感和态度，从而决定人对环境的适应方式。间接的影响是自然环境通过感知来实现对人的心理和行为的影响，如人的"美感"是由于对自然景色的社会性认知和态度体验形成的，"心境"也是由好的或不好的环境所引起的相应的态度体验。

社会环境对个体的活动起着重要的调节作用。人们在特定的社会环境中生产和生活，就必然会受到它的影响，从而会产生不同的心理特征和行为，这就是环境心理。如家庭中父母的言谈举止、学校中的校园文化、学生中流行的行为举止、老师教学中的方式方法等等，都会对学生产生潜移默化的影响，从而形成各自不同的心理特征。

1920年，在印度加尔各答西南部一个小镇的山洞里，人们从狼窝里救出了两个女孩，大的大约有七八岁，取名叫卡玛娜，小的大约有两三岁，取名叫阿玛娜。后来这两个女孩被送到孤儿院里接受正规的教育。虽然她们的身体和大脑同正常人相比并没有什么区别，但她们的心理和行为却几乎与狼一模一样。她们喜欢光着身子，用四肢爬行，白天喜欢躲在黑暗的地方睡觉，一到晚上就会像狼一样嚎叫。

经过辛克牧师夫妇的精心养育，卡玛娜学会了一些简单的词汇，但是她15岁时的智力水平仅仅相当于一个3岁半的正常儿童。由于不适应人类社会的生活，阿玛娜在孤儿院里生活了不到一年就去世了，卡玛娜在她17岁那年也去世了。

像"印度狼孩"这样的例子在世界上还有不少，有的人可能会问："为什么人类的孩子会变成狼孩呢？"其实这就是环境对人进行塑造的结果。

虽然狼孩是人类的后代，但是他们是在狼窝里长大的，长时间跟狼一起生活，造就了他们跟狼一样的心理和行为。同样，在人类社会中，在不同的自然条件和社会环境的作用下，人会产生不同的思想、感情和价值观，也会产生不同的能力和性格特点。所以，营造一个适宜的生存环境对我们的人生具有重大意义。

如果觉得换一个生存环境很难的话，就需要我们在现有生存环境的基础上，营造一个更适宜自己的生存环境。这需要如何去做呢？

» 合理配置花木，绿化生存环境

合理配置花木，会给生存环境增光添彩。有人把绿色植物誉为"无声的音乐"，它能给人带来清新空气，令人心旷神怡。另外，很多花卉都有其宜人的馨香，易使人的嗅觉得到某种良性刺激，促使大脑皮层兴奋，从而影响人的心理、情绪和行为举止。所以，对于生存环境来说，绿色植物是必不可少的。

» 保持生存环境的干净、整洁

独立的空间在一定程度上会反映一个人的个性与状态，办公室的桌椅及工作用具等，都需要保持干净、整洁、井井有条。心理状态的好坏，一定程度上会从办公室桌椅或其他方面体现出来。那些会整理自己桌面的人，工作起来肯定也会干净利落。

» 保障生存环境的私密性

心理学家斯坦利·霍尔指出：人都会在人我之间保持某种距离或物理空间，称为"身体缓冲区"，又称为"人我距离"。每个人都需要拥有一个自由、私密的个人空间。如果一个人不能掌握其生存环境的私密性，可能会因为压抑而产生很多负面情绪。这些负面情绪不仅会影响工作，而且会使人失去对人际交往的兴趣。

» 建立良好的人际关系

人际交往是社会环境中不可缺少的组成部分，人的许多需要都是在人际交往中得到满足的。想要营造一个适宜的生存环境，必须要建立良好的人际关系。人际关系协调了，心理疾病会不治而愈。好的人际关系会使人心情舒畅、身体健康、工作效率大增。

现在，人们已经越来越清楚地意识到，生存环境对人的品德、才能、情绪调节、身心健康以及工作效率等具有重要影响。所以，努力营造一个更适宜的生存环境势在必行。

重塑自我意象，激活情绪潜能

你喜欢通过幻想来让现实优秀化——"幻想"，你或许会不同意用这个词。那么，更规范一些来说，你就是不爱努力、浮躁、静不下心来，一味地想着自己某天潜能可以得到最大的发挥。但是在现实中，你却很难脚踏实地、一步一步地实现。

之所以将其称之为幻想，是因为这些"静不下来""浮躁"的意思其实都是：我期望通过少付出甚至不付出的方式，来让自己获得极大的肯定与成功。在做不到但内心依然渴望的情况下，人便会浮躁起来。

相比于这种情况，有些人会好一些，他们克服了幻想，希望通过努力来让自己变得优秀，加班加点地工作，拼命地生活，但最终也只是在温饱线上——很显然，这样的生活一点也不轻松。

但不管怎样，我们都希望从"不优秀"变得"优秀"。在心理学中，这往往意味着一个极其严峻的问题：我一旦真正的成功了，我的潜意识还认识我吗？所以，在个人改变的过程中，我们总是会遇到潜意识层面上的阻碍，它会不断强调这一魔咒：我宁愿待在舒适熟悉的感觉里，也不愿意成为一个好的但陌生的自己。

真正的优秀应该是这样的：我相信自己本来就是优秀的，我根本不需要去证明自己是优秀的——哪怕我日后变得更好，我也只是实现了真实的自我而已。不过，变得优秀、变得强大当然并没有这么简单，除非你可以看到自己对"不优秀"的现状到底有多排斥，才可以解除这种"不优秀"，真正地迈向蜕变。否则，所有的幻想与努力优秀，都会被潜意识所阻碍，并以各种各样的挫败来证明，自己其实并没有很优秀。

如何解除潜意识层面上的诅咒？这就需要我们先回到本质的问题上来：我们为什么要优秀？

» 优秀是一种超越自我的追求本能，更是一种自我意象

芸芸众生中，大多数人都是平凡者，我们往往会满足于现在的自我，从而忘记人生需要不断地前进。其实，人的生命本身就是一个不断对自我进行重新塑造的过程，而这一过程就是变得优秀的过程。只有在不断的自我塑造、不断变优秀的过程中，我们才能超越自我，才可以使自己向着成功的未来前进。

英国著名心理学家威廉·詹姆斯曾经说过："生活中的成功并不是在和他人比较的过程中获得的，而是取决于我们所做的事情。一个成功者总是处于与自己的比赛中，他们不断地改善自我、提高自我。"

不管我们是否承认，我们每一个人心中都存在一幅蓝图。在心理学领域中，这幅蓝图被称为"自我意象"，或者自我"图像"，它是指一个人的心理与精神上的观念。

自我意象是一个神奇的存在：个人的情感、举止、行为甚至是能力，永远与自我意象相一致。它是决定人的个性与行为的关键所

在。你希望自己成为什么样的人，你就会按着那种人的习惯行事。所以，一旦你将自己想象成了"失败者"，你便会不断使结果趋向失败。也许你拥有良好的愿望、极佳的机遇、顽强的意志力，但这些在失败的自我意象中，你也只能得到失败的结果。

改变自我意象便可以使自己的个性与行为得到改变，而且自我意象还是决定个人成就的最大界限，它将会决定你能够做什么、不能够做什么。如果你可以将自我意象进行扩展的话，你便可以使自己的"潜在领域"得到扩展。对自我意象进行适当的发展可以使个人拥有新的才华与能量，并最终使个人走向成功。

想要真正成为生活强者，你便需要让自己学着拥有一个建立于现实基础上的自我意象，并一直朝着这一目标不断前进。以下方法可以帮助我们建立起强大的自我意象，塑造出那个自己一直梦寐以求的自我。

» 经常处于正面情绪中

人在开心的时候，体内会发生一系列的神奇变化，从而使自己获得新的动力与力量。但是，不要想着在他人身上找开心，真正可以令你开心的事情不在别处，而是在你的身上。找出那些真正可以让自己情绪高涨的事情，并不断地激励自己。

» 将自我目标不断调高

很多人都惊讶地发现，自己之所以无法前进，主要是由于之前所设立的目标过小，而且大多模糊不清，这才使自己失去了前进的动力。如果你的主要目标无法激发你的个人想象的话，目标的实现便会遥遥无期。所以，真正可以对自我起到激励作用的关键，在于你是否拥有一个既远大又宏伟的目标。

» 坦然地迎接恐惧

在面对恐惧时，最可怕、最无用的态度莫过于双眼一闭，假装它们不存在。事实上在将内心的恐惧战胜之后，我们往往可以得到一些更具有安全感的东西。哪怕我们仅仅克服了小小的恐惧，也会使自己有能力创造生活的信心得到增强。

» 做好计划，并随时进行调整

没有谁的人生是一路坦途，实现目标的过程总是一条波浪线，其中有起也有伏。我们也许无法掌控事件的变化，但是我们可以对自己的休整点进行安排，制定出让自己放松、调整的具体时间点。即使你如今感觉不错，也要对计划做好调整，这才是最明智的举动。只有这样，你才可以在再次投入工作中时更富有激情。

塑造自我意象的关键在于对自我人生进行更细致的打量，并重新制订重要的相关计划。没有谁的自我意象是一蹴而就的，所有的重塑自我都是在循序渐进的过程中形成的。每天坚持做一点点，就会让自己的生命变得更加精彩。

甩掉空虚，享受更富足的精神生活

20 世纪西方最重要的诗人之一托马斯·斯特恩斯·艾略特有首著名的诗叫《空心人》，描绘了西方人精神空虚的生存状态，内容如下：

我们是空心人

我们是稻草人

互相依靠

头脑里塞满了稻草。唉！

当我们在一起耳语时

我们干涩的声音

毫无起伏，毫无意义

像风吹在干草上

或像老鼠走在我们干燥的

地窖中的碎玻璃上

……

诗人以"空心人""稻草人"来比喻现代人，生动形象，给读

充实起来。振作、进取才是年轻人应该有的精神面貌。

车尔尼雪夫斯基曾说过："生活在平淡无味的人看来才是空虚而平淡无味的。"如果你渴望欢乐与成功，请告别空虚，放弃美丽的幻想，多干实事，成功一定属于你！当你和空虚顽强斗争的时候，请你记住普希金的这句诗——"生活不会使我厌倦"。

不被外界影响的静心疗法

有位知名作家在告诫青少年如何掌握人生方向的时候说："我们每天都会接收到不同的讯息，有好的，也有坏的，但需要你自己去分辨。所以你不得不静下心来，好好想一想，如何留住那些好的，又如何丢掉那些坏的。"

浊水想要变得清澈一些，就需要平静地让浊物沉淀下去，人想要变得健康纯洁一些，就需要在宁静之中抛弃精神世界的思想垃圾。当一个人处于宁静状态之中，对于世间万物的本原才能得到清醒的认识，对自己的思想行为也能产生一个最公正的评价。

这种精神世界的宁静其实就是一个过滤器，能够把那些不够道德、不够正面的思想全部筛选出来。沉淀其实就是一个修行和反省的过程，在安静的状态下，认真地反思自己的思想和行为，祛除那些不利的影响因素，尽量让自己的内心更加澄明透亮，尽量让自己的行为得到最明确的指正。

有个人平时很不受别人的欢迎，大家都认为他是个十足的坏蛋，但是他自己从来没有这样觉得，认为只是众人含有过多感情色彩的一面之词。虽然如此，他还是禁不住要问自己："难道我的心真的这么坏吗？"为了得到验证，他决定去找上帝帮忙，他希望万能的上帝能够告诉他自己是否很坏，给他一个最真实的答案。

上帝见到他后，很快就把实情告知与他，这个人显得非常沮丧，他满怀疑问地问上帝："为什么我自己不知道呢？"上帝微微一笑："因为你从来没有冷静地想过这个问题，你不妨回家安静下来想一想，也许很快就能找到答案。"

其实，只要有生活，只要不离开文明社会，每个人就都会有所想，有所念。心灵的垃圾就是一种"念"，一种思想，怨、恨、贪、烦、怒都是其中的表现。杂念、欲念、恶念是困锁心灵、困锁人生的主要因素，具体则表现在生活的各个方面，体现在生活的各个场景中，因为人生需要发展，需要有所追求，而这种追求和索取是全方位的。

一位禁欲的苦行僧准备进山修行，却发现自己只带了一件衣服，为了方便换洗，他向山下的村民借了一块布，不过他很快发现自己身边有老鼠出没，经常来咬坏他的衣服，他想保住衣服，却又不想杀生犯戒，所以就下山向村民借了一只猫，但他只希望猫能够吓跑老鼠而不是吃了它，这样自己也不至于间接犯下杀生之罪。

不过猫不吃老鼠就实在没有别的东西可吃，于是他就再次下山，向村民借了一只奶牛，给猫喂牛奶喝。但是奶牛需要人饲养，而他自己需要修行，根本没有时间，于是只能下山找回来一个流浪汉帮忙，但是流浪汉不习惯过苦日子，也不懂得修行，苦行僧只好替流浪汉选了一个媳妇。如此没完没了，苦行僧天天就不断地为自己的修行作补充，陷入无止境的索求之中，而他的修行从来就没有真正开始过。事实上，他如果一心求佛，就会安静地在山中修行打坐，而不是无谓地"牵扯"出人生的那么多烦恼。

　　欲望是一条链锁，总是一个接着一个地到来，永无止境，如果不能及时消除和斩断，那么人心永远都会膨胀下去，难以恢复平静。高情商的人，懂得及时地让自己冷静下来，在宁静中及时抛去人生中的各种欲念，想一想人生的最终目的是什么，生活的本质是什么，最快乐最幸福的又是什么。高情商的人往往是内心清静的人，他们能够很好地克制自己的欲望，不会让自己被欲望所困，更不会陷入欲望的漩涡之中。

　　生活的负重累人一时，心灵的负重伤人一世。人生的得失之心、欲的执念都是思想中的"垃圾"物质，它们会严重干扰我们的社会生活和精神生活，不妨从喧嚣的社会中抽离出来，在寂静中给自己一个反省的机会。摒除心灵上的杂质，生活才能更加惬意自在。

借助良好的情绪资本改变自我

当你能够控制自己的情绪时，你便控制了整个世界——对于个人而言，情绪控制能力的高低，直接决定了个人人生的成败。在日常生活中，我们总是会在不经意间积攒下自己的情绪资本：当负面情绪日益增多时，你的负资本便会越来越多；当你的良好情绪占据的比重越来越大时，你的正资本便会呈直线上升的局面。只有经营好自我的良好情绪资本，我们才有可能对自己的人生资源进行更好的整合，才有可能挖掘出更多的智力资本。

以国内某位成功的董事为例——事实上，这位成功者同时是10家董事会的成员，在管理方面，他已经是一位经验卓越者了。

年轻时，他不断地努力工作，你可以从他的身上寻找到所有职场成员需要的品质：主动、进取、努力、激情、乐观……他不断地在多家公司进行尝试，并最终获得了自己的成就。

但成功之后意味着个人更要坚持，坚持便意味着要与一大批紧跟其后、摇旗呐喊的进取青年竞争。在迈入而立之年后，这位成功者并未躺在已有成绩上故步自封、闭目养神，而是制订了自己发展的新目标，向着更大的理想开始了新的努力——他要成为重组公司的决策者。于是他到处与人联系，沟通交流，掌握公司的各种信息，以确定自己有把握获得大家的信任和支持。

最后，他获得了巨大的成功——在这次公司重组中，他以高票成了董事会的主席。

一千人眼中有一千个哈姆雷特，每个人对成功的理解都各有不同，但有一点可以肯定，即每一个人都期望获得成功。可是，我们往往在生活中很容易发现这样一种现象：那些拥有良好情绪资本的人往往更容易成功。

形成这一事实的原因其实非常简单：这些拥有良好情绪资本的人往往能够及时地发现自己的不足、并会努力使自己的性格与情绪不断地得以完善，他们愿意放低姿态去获得更多的情感与现实交流，并可以通过他人的协助来实现自我目标。在良性情绪资本的积累过程中，他们表现出了更优异的一面，而这些良好的表现让他们更容易与成功产生直接的接触。

你是否总是陷入对生活的无力感中？你是否曾经想过，怎样才能够摆脱一段恶性的关系，但却最终使自己在不良情绪的影响下越陷越深？不管你是怎样的人，你都应该相信：若你愿意积累起良好的情绪资本，若你能够在生活中不断地用良好情绪与他人交流，你便可以了解到，让自己回归快乐并不是一件难事。

提升自我情绪资本其实有着简单易行的方法，你所需要做的就是长期坚持下去。

» 停下来，静下心来好好想一下

每一个人都会有情绪压抑的一面，在精神压力纠缠不休时，正是我们需要改变自己的时候。在这种情况下，你应该让自己停下来，冷静地思考自己所遇到的问题，因为摆脱困扰的第一步，是从解决我们所面临的问题开始的。

» 运用正确的方法

你要时时关注自己的情绪，就如同你站在一个小小的瞭望台上俯视着一切进入你思想的东西。你必须对一切了如指掌，并且在情绪压力产生时迅速反应。当自己情绪压抑时，你就要保持平和的心态，并冷静思考。这种行为被称为有意识的思想控制，比如，你坐在椅子上，专注地想你去年的假日或者今年的假日安排。

» 愿意付出努力

下一步我们要学习的重点，就是如何变得冷静而平和，我们该怎样思考，思考些什么？第一眼看上去，这个问题好像很复杂。但事实上，不断地提醒自己"你需要调整好自己！"来促使自己努力，是一个必要而必需的步骤。这并不容易，但是它涉及你的情绪资本的积累，更与你的健康与幸福密切相关，因此，你的努力绝对值得。

» 进行心态替换

当然，在生活中，你或许还是会遇到这样或者那样的麻烦，它们会让你感觉气馁与沮丧，此时，便是你提取自己的情绪资本的好时机。此时，你要告诉自己："好了，我们现在需要一点点好的心情。"然后，你要让自己使用健康的心态——包括勇气、乐观与决心，来对消极的心态——急躁、暴躁与浮躁进行替换。

» 找到自己的独特宣泄方法

想要停止那些能引发负面情绪的想法，你便应该想一些愉快的事情。而且遇到麻烦事时，每一个人都会有自己的独特方法来对情绪进行振奋，这些方法往往对个人都极为有效。有些人喜欢用吹口哨来缓解情绪，有些人喜欢唱歌，有些人喜欢通过写作来发泄不良情绪——这些都是有效的方法，可以帮助个人很好地应对生活中层出不穷的麻烦事。

» 找一个鲜活的榜样

我们都曾经经历过向榜样学习的年代，在自己的身边寻找一个积极的榜样，同时让自己向他们进行积极的学习，也是让情绪积极起来的极佳方法。比如，你的朋友，他一向乐观积极、精力充沛，并善于在工作与家庭中进行统筹。这时候，你完全可以将他当成榜样。你或许会认为："他可以做的，我也能做！"可是，你们做事的方式总是有着不同之处的，你可以学习他成功的地方，并从他的积极行为中，发觉自己从来没有注意到的自我优势。

与知识资本、金钱资本的积累一样，情绪资本的累积也不是一夕一朝之事，不过，只要你能坚持下来，你便会发现，在练习提升自我情绪资本的过程中，你已经积蓄了足够的积极情绪。

发挥情绪感染力

有一个醉汉晃晃悠悠地上了纽约地铁，也许是车厢里的人比较多，令他很不舒服，于是他借着酒劲开始高声吵嚷。周围的人都有意躲避他，有人甚至吓得逃到另一节车厢。醉汉见人们都害怕他，于是更加肆无忌惮地咒骂起来，甚至开始冲撞他人。

有个小伙子站出来打算劝阻醉汉的行为，此时已经失去理智的醉汉根本不听他讲道理，甚至想要动手打小伙子。眼看着一场争斗即将开始，人群中突然发出一声洪亮而且愉快的声音："嗨！"

醉汉一愣，晃着头搜寻着声音的来源。只见一个须发皆白的老人从人群里走了出来，他满面笑容地冲着醉汉摆了摆手说："你过来一下！"

醉汉大步走上前去，怒吼道："你想挨揍吗？"

老人摇摇头说："我只是想问问你喝的什么酒？"

醉汉依旧大声咆哮道："我喝什么酒关你什么事！"

老人迅速地嗅了嗅，对醉汉说："如果我没猜错的话，你喝的是威士忌，而且你应该喝了超过 20 盎司。"

醉汉惊讶地看着老人，问道："你怎么知道的？"从他的语气中，明显可以感觉到，他的愤怒情绪已经有所消减。

老人热情而缓慢地说："好，我来告诉你，其实我也喜欢喝威士忌，从前我每个晚上都要与太太一起，在后院的小花园里喝上几杯。可惜，我的太太已经离我而去了……"

此时，醉汉的眼角已经湿润，突然，他蹲在地上大哭起来，边哭边向老人诉说着他的悲惨遭遇。原来醉汉的妻子不久前与他离婚，而且带着5岁的孩子离开了纽约，原本性情温和的他从此便开始酗酒，后来又因为工作疏忽被公司开除。现在他不仅失去了家庭，还失去了经济来源，于是脾气变得越来越暴躁，而且也越加酗酒。

在老人的鼓励下，醉汉把所有的心事都说了出来。只见他坐在地上，将头依靠在老人的腿上，似乎将老人当成了自己的亲人，之前的怒气已经完全消失了。

愤怒也是可以控制的，也是可以用良好的情绪来感化的。面对一个愤怒的人，最有效的方式就是转移他的注意，对他的感受表现出无比的同情心，与他进行心与心的交流，这种交流往往细微到几乎无法察觉。

只有通过情绪感染对方，才能有效地影响对方，这种效果比单纯凭借理性的征服要强得多。情绪的感染力是无处不在的，有时候你会做一个主动的感染源，有时又会在不经意间成了某种情绪的被动感染者。也许在被感染的时候，你并未察觉，等到你的情绪已经发生了变化，你才会察觉到这种不可思议的力量。

比如在演唱会上，歌手会用动听的歌声和优美的舞姿调动台下观众的情绪，使观众们不由自主地随之跃动；一些情感电视剧也会利用曲折、感人的情节，让众多观众为之落泪。强大的情绪感染力正是通过不断传递的情感信息，影响着周围的人。

在情绪互动的过程中，高情商者往往是主导者，他们总能轻而易举地把情绪传导给别人。他们懂得利用各种形式传达情感信息，使他人顺应自己的情绪步调。比如语言形式，如何组织安排语言、运用什么样的词汇与人交谈，既能体现智商的高低，也能体现出情商的高低。成功地运用鼓励、安慰和赞美的语言，必然能够成就和谐的人际关系。除此之外，一个迷人的微笑，一个肯定的回应，都会使你随时随地受到欢迎。